小学2年生

単位と図形にぐーんと強くなる

学習指導要領対応

KUMON

もくじ

この本では、きそのないようより少しむずかしいもんだいには、☆マークをつけています。

1 時こくと　時間①

時計と　時こく①

とくてん　　てん

答え➡別冊2ページ

おぼえよう

9時

2時半

ながい　はりが　12の　ときは，みじかい　はりで　○時と　よみます。

ながい　はりが　6の　ときは，みじかい　はりで　○時半と　よみます。

1 なん時ですか。　〔1もん　10てん〕

① 

（　　時）

② 

（　　　）

③ 

（　　　）

④ 

（　　　）

2 なん時半ですか。 〔1もん　10てん〕

①

（　　時半）

②

（　　　　）

③

（　　　　）

④

（　　　　）

3 なん時なん分ですか。 〔1もん　10てん〕

①

（　　時　分）

②

（　　　　）

○時半は，○時30分と
おなじです。

2 時こくと 時間②
時計と 時こく②

とくてん

てん

答え➡別冊2ページ

おぼえよう

12345

7時5分　みじかい はりで なん時，ながい はりで なん分を よみます。

1 なん時なん分ですか。〔1もん 10てん〕

①

（　時　分）

②

（　　　）

③

（　　　）

④

（　　　）

2 なん時(じ)なん分(ぷん)ですか。

〔1もん　10てん〕

①

(　　　　　　)

②

(　　　　　　)

3 なん時(じ)なん分(ぷん)ですか。

〔1もん　10てん〕

①

(　　　　　　)

②

(　　　　　　)

③

(　　　　　　)

④

(　　　　　　)

3 時(じ)こくと　時間(じかん)③

時計(とけい)と　時間(じかん)①

とくてん　　てん

答(こた)え➡別冊(べっさつ)2ページ

おぼえよう

60分(ぷん)
1分(ぷん)

時計(とけい)の　ながい　はりが，

1めもり　うごく　時間(じかん)　…1分(ぷん)

1まわりする　時間(じかん)　…60分(ぷん)

1 □に　あてはまる　かずを　かきましょう。〔1もん　20てん〕

① 時計(とけい)の　ながい　はりが　5めもり　うごくと

□分(ぷん)です。

② 時計(とけい)の　ながい　はりが　8めもり　うごくと

□分(ぷん)です。

③ 時計(とけい)の　ながい　はりが　13めもり　うごくと

□分(ぷん)です。

④ 時計(とけい)の　ながい　はりが　1まわりすると　□分(ぷん)です。

☆⑤ 30分(ぷん)　たつと，時計(とけい)の　ながい　はりは　□めもり　うごきます。

4 時こくと　時間④

時計と　時間②

とくてん

てん

答え➡別冊2ページ

おぼえよう

1時間

時計の　ながい　はりが
1まわりすると　1時間です。
2まわりすると　2時間です。

1 □に　あてはまる　かずを　かきましょう。〔1もん　20てん〕

① 時計の　ながい　はりが　1まわりすると　□時間です。

② 時計の　ながい　はりが　60めもり　うごくと　□時間です。

③ 時計の　ながい　はりが　1まわりすると　□分です。

④ 時計の　ながい　はりが　2まわりすると　□時間です。

⑤ 時計の　ながい　はりが　2まわりすると　□分です。

5 時こくと　時間⑤
時計と　時間③

とくてん
てん

答え➡別冊2ページ

れい

Ｉ時間 ＝ 60分

60分

Ｉ時間20分 ＝ 80分

と

60分　20分

1　□に　あてはまる　かずを　かきましょう。〔1もん　20てん〕

① Ｉ時間 ＝ □分

② Ｉ時間10分 ＝ □分

③ Ｉ時間20分 ＝ □分

④ 2時間 ＝ □分

☆⑤ Ｉ時間半 ＝ □分

Ｉ時間半は，Ｉ時間30分と
おなじです。

6 時こくと 時間⑥ 時計と 時間④

とくてん　　てん

答え➡別冊2ページ

れい

60分 ＝ 1時間

1時間

80分 ＝ 1時間20分

と

1時間　　20分

1 □に あてはまる かずを かきましょう。〔1もん 20てん〕

① 60分 ＝ □時間

② 70分 ＝ □時間□分

③ 90分 ＝ □時間□分

④ 80分 ＝ □時間□分

⑤ 120分 ＝ □時間

午前と　午後①

とくてん　　てん

答え➡別冊2ページ

おぼえよう

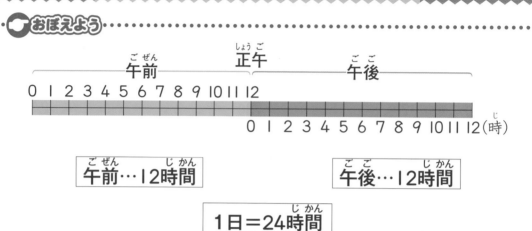

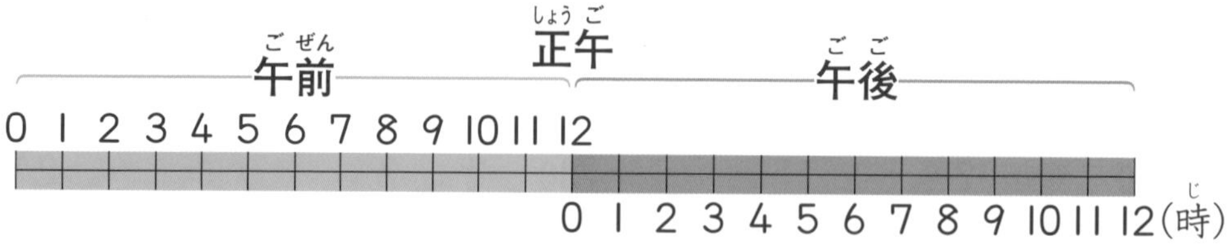
午前
正午
午後
0 1 2 3 4 5 6 7 8 9 10 11 12
0 1 2 3 4 5 6 7 8 9 10 11 12(時)

午前…12時間　　午後…12時間

1日＝24時間

1

□に　あてはまる　ことばや　かずを　かきましょう。

〔1もん　20てん〕

① よるの　0時から　ひるの　12時までを □ と　いいます。

② ひるの　0時から　よるの　12時までを □ と　いいます。

③ ひるの　12時を □ と　いいます。

④ 午前，午後は，それぞれ □ 時間です。

⑤ 1日は □ 時間です。

8 時こくと　時間⑧
午前と　午後②

とくてん

てん

答え➡別冊3ページ

れい

あさ

（午前７時25分）

ひる

（午後１時17分）

1 午前，午後を　かんがえて　つぎの　時こくを　かきましょう。〔1もん　20てん〕

① あさ

（午前　時　分）

② ひる

（午後　　　　）

③ よる

（　　　　）

④ あさ

（　　　　）

⑤ よる

（　　　　）

時計と　時間⑤

とくてん
てん

答え➡別冊3ページ

れい

（午前）  ➡ （午前）  （　4時間　）

（午前）  ➡ （午後）  （　5時間　）

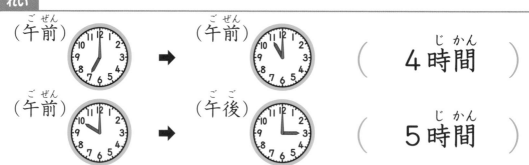

1 左の　時こくから　右の　時こくまでの　時間は　なん時間ですか。〔1もん　10てん〕

①  （午前） ➡  （午前）

（　　時間）

②  （午前） ➡  （午前）

（　　）

③  （午後） ➡  （午後）

（　　）

④  （午後） ➡  （午後）

（　　）

2

左の　時こくから　右の　時こくまでの　時間は　なん時間ですか。〔1もん　10てん〕

①  (午前) ➡  (午後)

(　　　　　)

②  (午前) ➡  (午後)

(　　　　　)

③  (午前) ➡  (午後)

(　　　　　)

3

左の　時こくから　右の　時こくまでの　時間は　なん時間ですか。〔1もん　10てん〕

①  (午前) ➡  (午前)

(　　　　　)

②  (午後) ➡  (午後)

(　　　　　)

③  (午前) ➡  (午後)

(　　　　　)

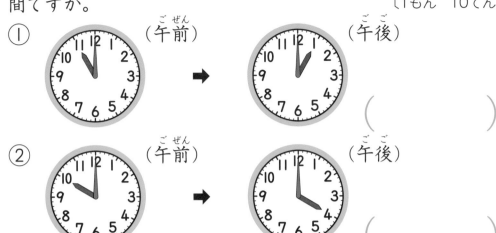

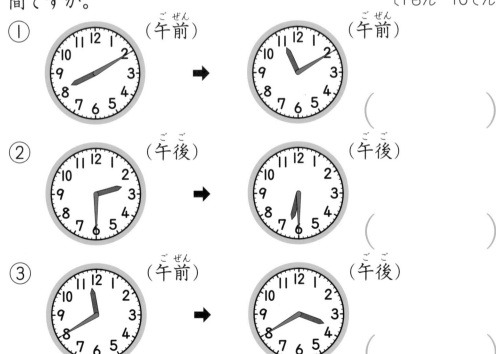

10 時こくと 時間⑩

時計と 時間⑥

とくてん　　てん

答え➡別冊3ページ

れい

（午前） ➡ （午前）　（　20分　）

（午後） ➡ （午後）　（　40分　）

1 左の 時こくから 右の 時こくまでの 時間は なん分ですか。〔1もん　10てん〕

①（午前） ➡ （午前）　（　　分）

②（午前） ➡ （午前）　（　　）

③（午後） ➡ （午後）　（　　）

④（午後） ➡ （午後）　（　　）

2

左の　時こくから　右の　時こくまでの　時間は　なん分ですか。
〔1もん　10てん〕

①

（午前）
➡

（午前）

（　　　　　）

②

（午前）
➡

（午前）

（　　　　　）

③

（午後）
➡

（午後）

（　　　　　）

3

左の　時こくから　右の　時こくまでの　時間は　なん分ですか。
〔1もん　10てん〕

①

（午前）
➡

（午前）

（　　　　　）

②

（午後）
➡

（午後）

（　　　　　）

☆③

（午後）
➡

（午後）

（　　　　　）

11 時こくと 時間⑪
時計と 時間⑦

とくてん
てん

答え➡別冊3ページ

れい

(午前)  ➡ (午前)  (1時間)

(午前)  ➡ (午前)  (1時間20分)

1 左の 時こくから 右の 時こくまでの 時間は なん時間なん分ですか。 〔1もん 10てん〕

①  (午前) ➡  (午前)

(時間 分)

②  (午前) ➡  (午前)

( )

③  (午後) ➡  (午後)

( )

④  (午後) ➡  (午後)

( )

2　左の　時こくから　右の　時こくまでの　時間は　なん時間なん分ですか。　〔1もん　10てん〕

①

（午前）

（午前）

（　　　　　）

②

（午後）

（午後）

（　　　　　）

③

（午後）

（午後）

（　　　　　）

☆**3**　左の　時こくから　右の　時こくまでの　時間は　なん時間なん分ですか。　〔1もん　10てん〕

①

（午前）

（午後）

（　　　　　）

②

（午前）

（午後）

（　　　　　）

③

（午前）

（午後）

（　　　　　）

12 時こくと 時間⑫
○時間あと・○時間まえの 時こく

とくてん　　　　てん

答え➡別冊3ページ

れい

(午前)

1時間あとの　時こく（　午前9時　）

1時間まえの　時こく（　午前7時　）

(午前)

2時間あとの　時こく（午前10時40分）

2時間まえの　時こく（午前6時40分）

1　時計の　時こくを　見て，［　　］の　時こくを　それぞれ　こたえましょう。〔1つ　10てん〕

①

(午前)

［1時間あと］（午前　　　　）

［1時間まえ］（午前　　　　）

②

(午後)

［2時間あと］（　　　　）

［2時間まえ］（　　　　）

2

時計の　時こくを　見て，［　　］の　時こくを　それぞれ
こたえましょう。 〔1つ　5てん〕

①

（午後）

［1時間あと］　（　　　　　）

［1時間まえ］　（　　　　　）

②

（午前）

［2時間あと］　（　　　　　）

［2時間まえ］　（　　　　　）

☆③

（午後）

［3時間あと］　（　　　　　）

［3時間まえ］　（　　　　　）

3

時計の　時こくを　見て，［　　］の　時こくを　こたえま
しょう。 〔1もん　10てん〕

①

（午後）

［1時間あと］

（　　　　　）

②

（午後）

［2時間まえ］

（　　　　　）

③

（午前）

［4時間まえ］

（　　　　　）

13

時こくと　時間⑬

○分あと・○分まえの　時こく

とくてん

てん

答え➡別冊4ページ

れい

（午後）

10分あとの　時こく　（午後4時10分）

10分まえの　時こく　（午後3時50分）

（午後）

20分あとの　時こく　（午後4時35分）

20分まえの　時こく　（午後3時55分）

1　時計の　時こくを　見て，［　　］の　時こくを　それぞれ　こたえましょう。　〔1つ　10てん〕

①

（午後）

［20分あと］　（　　　　）

［20分まえ］　（　　　　）

②

（午前）

［30分あと］　（　　　　）

［30分まえ］　（　　　　）

2 時計の　時こくを　見て，[　　]の　時こくを　それぞれ こたえましょう。　〔1つ　5てん〕

①

(午後)
[10分あと]　[10分まえ]
(　　　　)　(　　　　)

②

(午前)
[15分あと]　[15分まえ]
(　　　　)　(　　　　)

☆③

(午前)
[40分あと]　[40分まえ]
(　　　　)　(　　　　)

3 時計の　時こくを　見て，[　　]の　時こくを　こたえましょう。　〔1もん　10てん〕

①

(午前)
[10分まえ]
(　　　　)

②

(午後)
[15分まえ]
(　　　　)

③

(午後)
[15分あと]
(　　　　)

14

時こくと　時間⑭

まとめ

とくてん

てん

答え➡別冊4ページ

1

時計の　時こくを　こたえましょう。　〔1もん　5てん〕

①

(　　　　　　)

②

(　　　　　　)

③

(　　　　　　)

④

(　　　　　　)

2

□に　あてはまる　かずを　かきましょう。〔1もん　5てん〕

① 時計の　ながい　はりが　30めもり　うごくと □分です。

② 1時間　たつと，時計の　ながい　はりは □まわりします。

③ 2時間＝□分　　④ 70分＝□時間□分

3

左の　時こくから　右の　時こくまでの　時間を　こたえましょう。　〔1もん　10てん〕

①

(午前)

➡

(午前)

(　　　　　)

②

(午後)

➡

(午後)

(　　　　　)

③

(午前)

➡

(午後)

(　　　　　)

4

時計の　時こくを　見て，[　　]の　時こくを　こたえましょう。　〔1もん　10てん〕

①

(午後)

[20分あと]

(　　　　　)

②

(午前)

[40分あと]

(　　　　　)

③

(午後)

[15分まえ]

(　　　　　)

15

ながさ①

ながさしらべ①

とくてん

てん

答（こた）え➡別冊（べっさつ）4ページ

れい

㋐
㋑

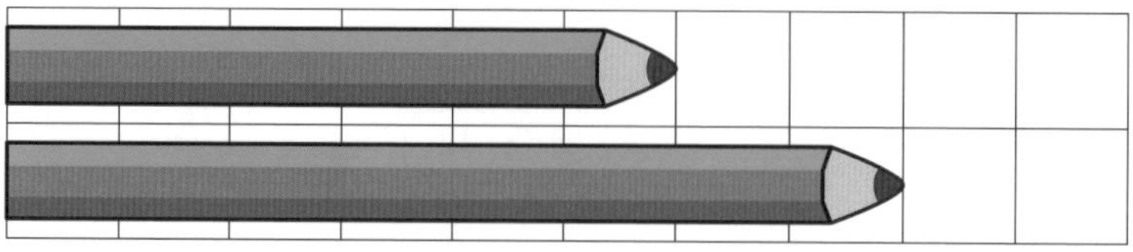

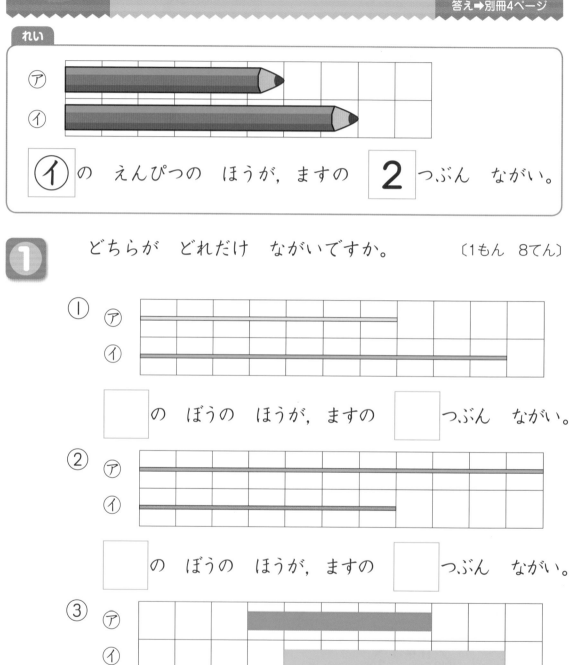

㋑ の　えんぴつの　ほうが，ますの　2 つぶん　ながい。

1 どちらが　どれだけ　ながいですか。　〔1もん　8てん〕

① ㋐ ㋑

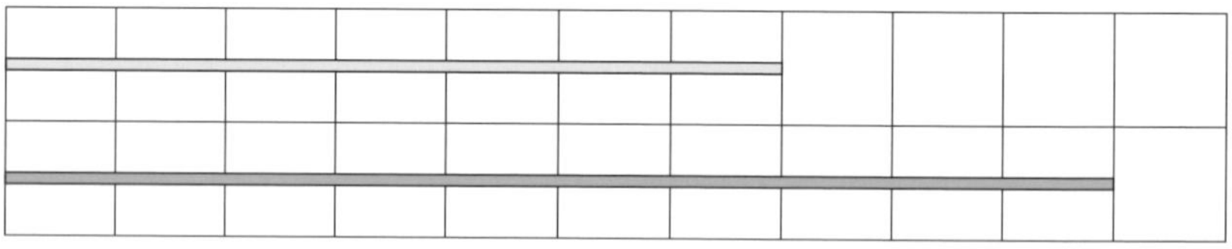

□ の　ぼうの　ほうが，ますの　□ つぶん　ながい。

② ㋐ ㋑

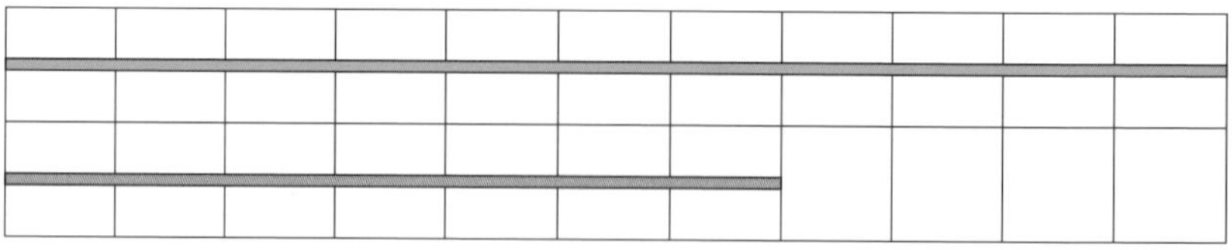

□ の　ぼうの　ほうが，ますの　□ つぶん　ながい。

③ ㋐ ㋑

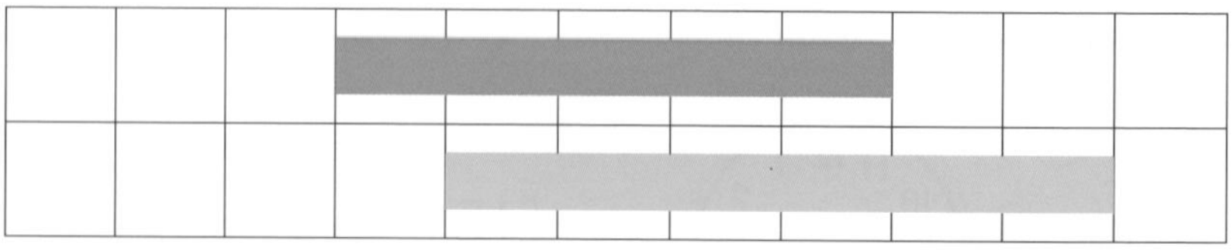

□ の　テープの　ほうが，ますの　□ つぶん　ながい。

2 ながい　じゅんに □に　ばんごうを　かきましょう。

〔ぜんぶ　できて　60てん〕

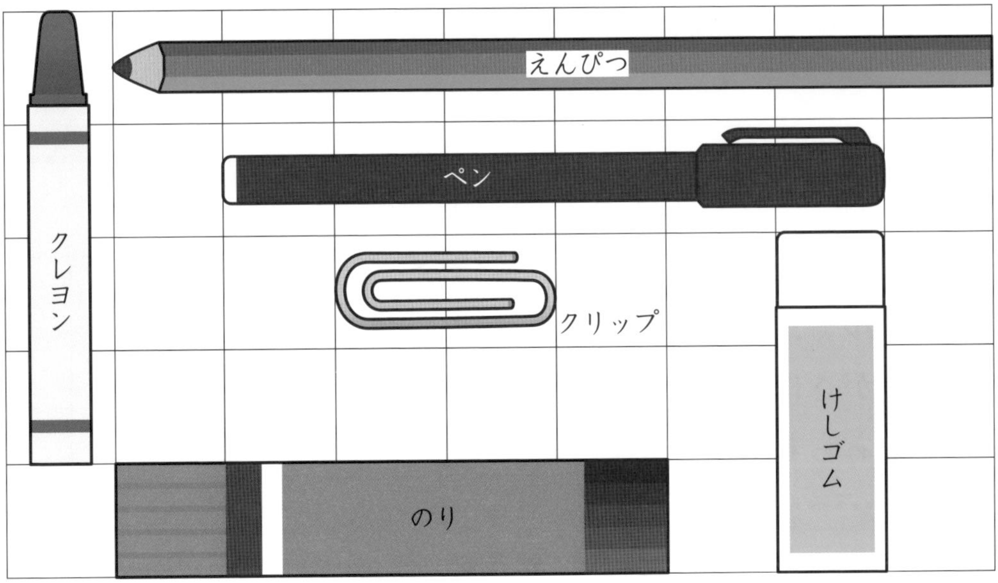
えんぴつ
ペン
クレヨン
クリップ
けしゴム
のり

クレヨン…□　えんぴつ…1　ペン　…□

クリップ…□　のり　…□　けしゴム…□

3 いちばん　ながい　テープと，いちばん　みじかい　テープは　どれですか。

〔1つ　8てん〕

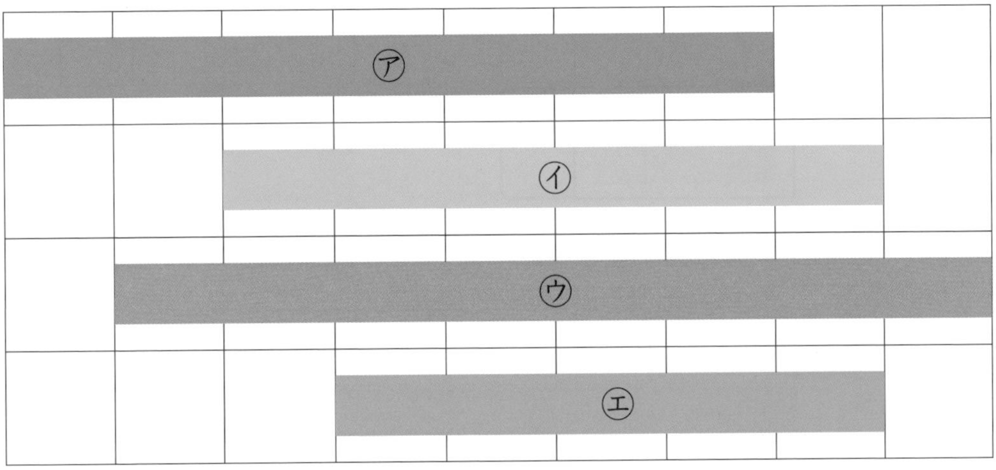
㋐
㋑
㋒
㋓

いちばん　ながい…□　いちばん　みじかい…□

16

ながさ②

ながさしらべ②

とくてん　　　てん

答え→別冊4ページ

おぼえよう

右の　こうさくようしの　１ますぶんの　ながさは　**１センチメートル**で，１cm と　かきます。

ながさは，１cm の　いくつぶんで　あらわせます。

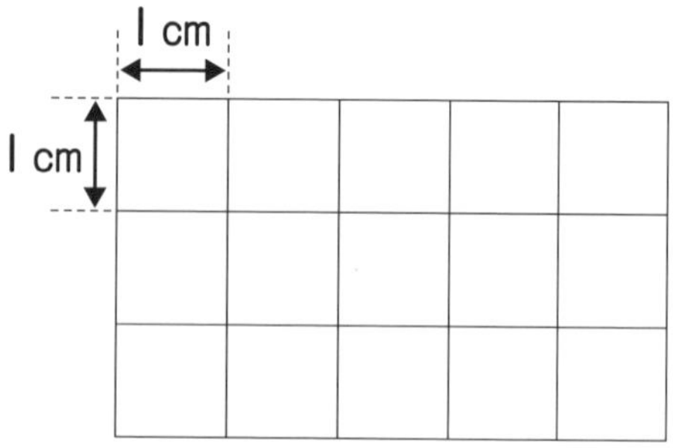

１cm
１cm

1　１ますぶんの　ながさが　１cm の　こうさくようしで　ながさを　はかります。それぞれ　なん cm ですか。〔1もん　10てん〕

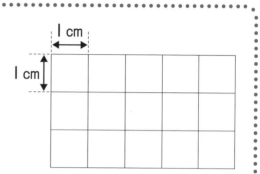

①

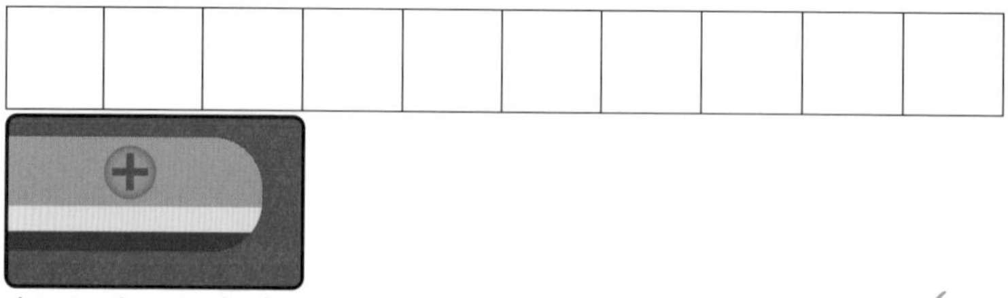

（えんぴつけずり）

（　　　cm）

②

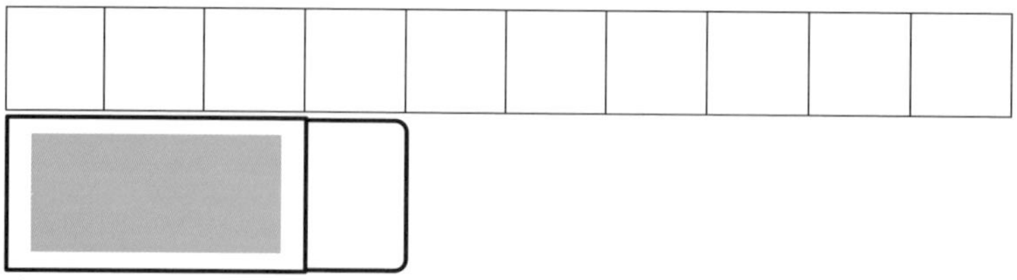

（けしゴム）

（　　　）

③

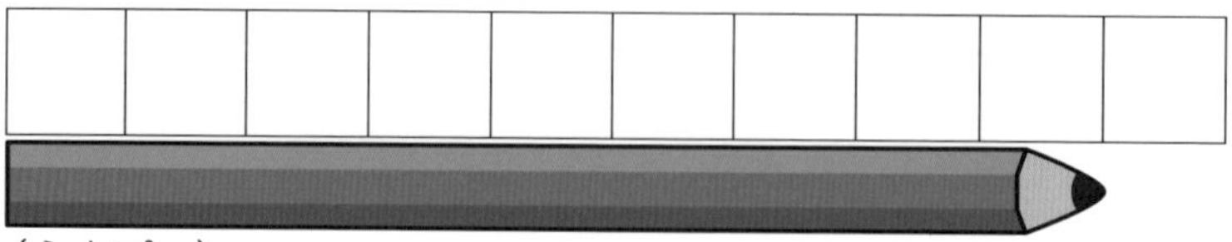

（えんぴつ）

（　　　）

2

１ますぶんの　ながさが　１cmの　こうさくようしの　上に　テープが　あります。それぞれ　なんcmですか。

〔1つ　10てん〕

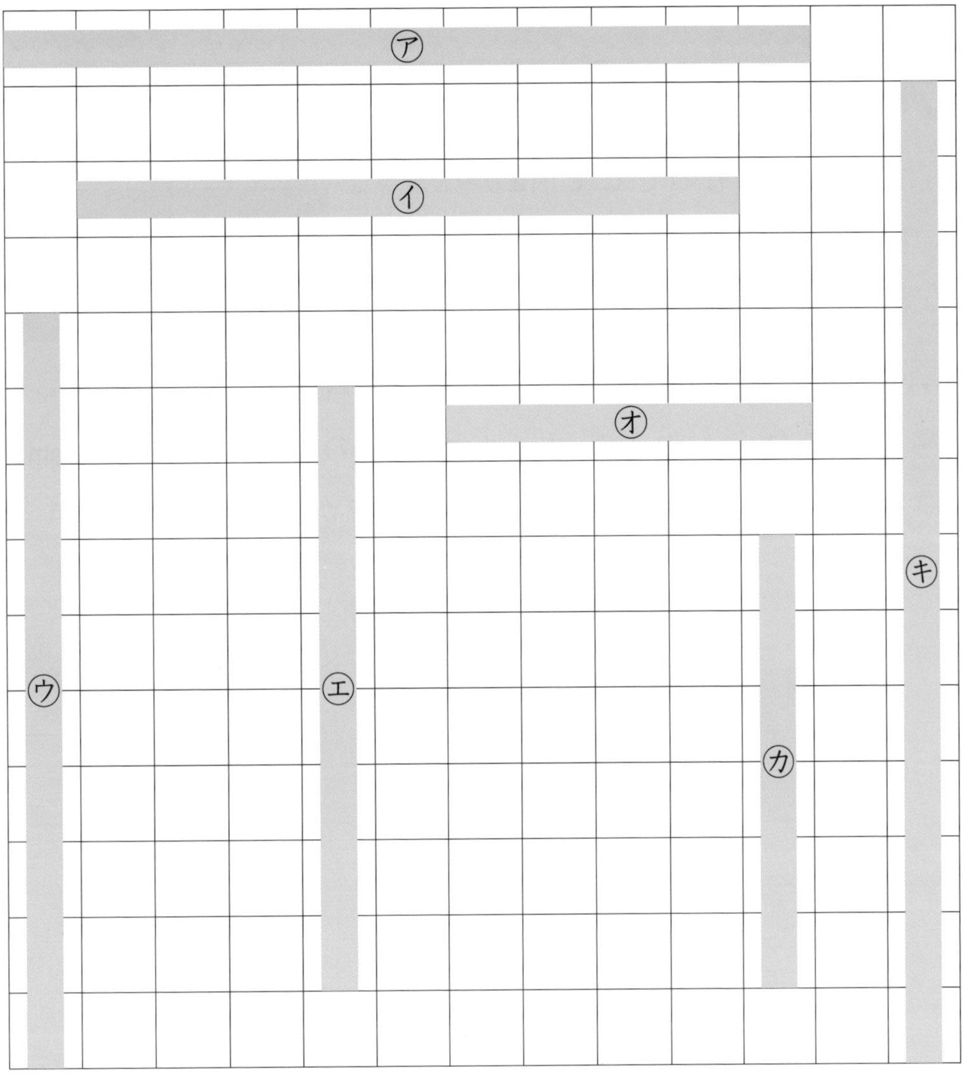
㋐
㋑
㋒
㋓
㋔
㋕
㋖

㋐（　　　　）　㋑（　　　　）　㋒（　　　　）

㋓（　　　　）　㋔（　　　　）　㋕（　　　　）

㋖（　　　　）

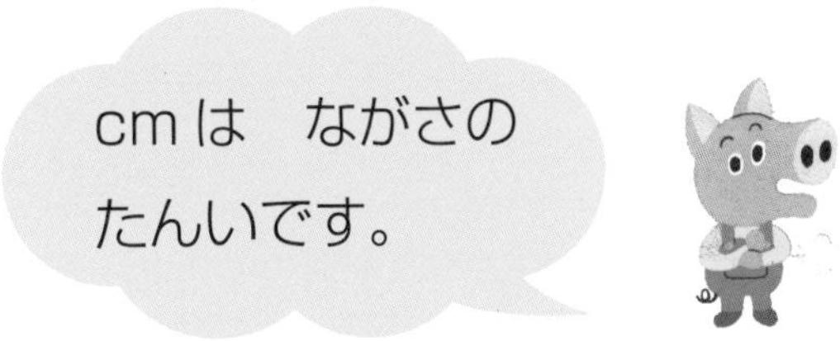
cmは　ながさの
たんいです。

17 ながさ③
ながさしらべ③

とくてん　　　てん

答え➡別冊5ページ

おぼえよう

ながさは，ものさしで　はかります。
右の　ものさしの　１めもりの　ながさは　１cmです。

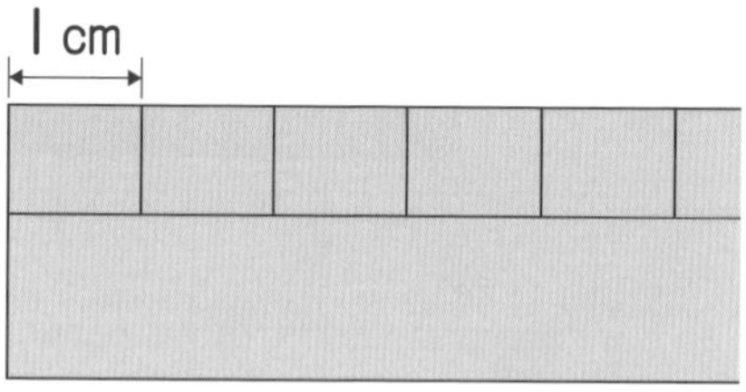
1cm

1　下の　ものさしは　１めもりの　ながさが　１cmです。テープは　それぞれ　なんcmですか。〔1つ　25てん〕

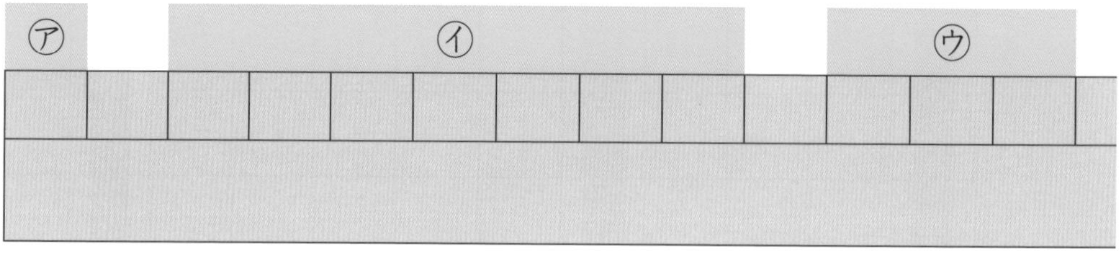
ア
イ
ウ

ア（　　　　）　イ（　　　　）　ウ（　　　　）

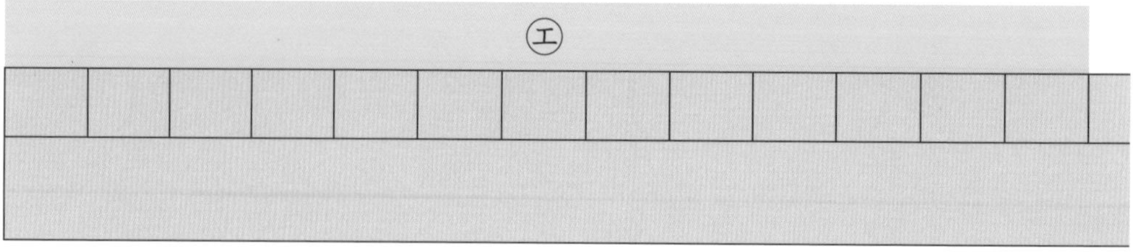
エ

エ（　　　　）

ながさ④

18 ながさしらべ④

とくてん
てん

答え➡別冊5ページ

おぼえよう

1cmを　おなじ　ながさに，10に　わけた　1つぶんの　ながさを　**1ミリメートル**といい，**1mm**とかきます。

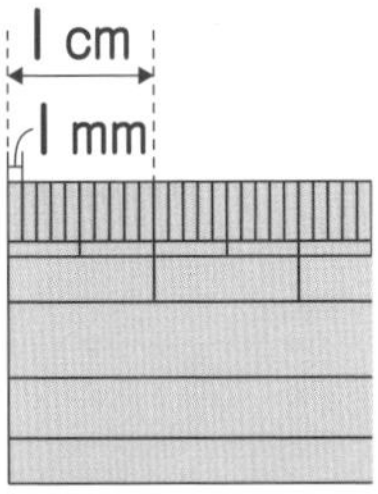

1cm
1mm

1　ものさしの　左はしから　↓までの　ながさは　なんmmですか。
〔1もん　20てん〕

①
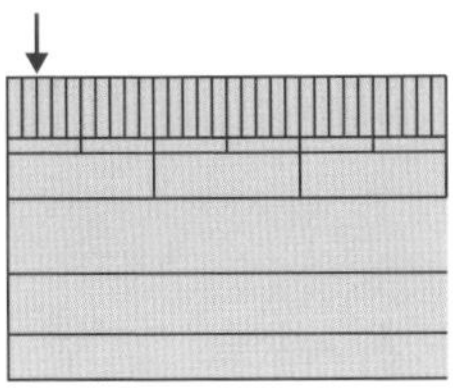
（　　mm）

②
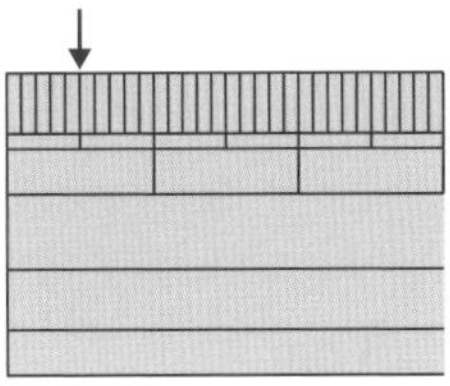
（　　）

③
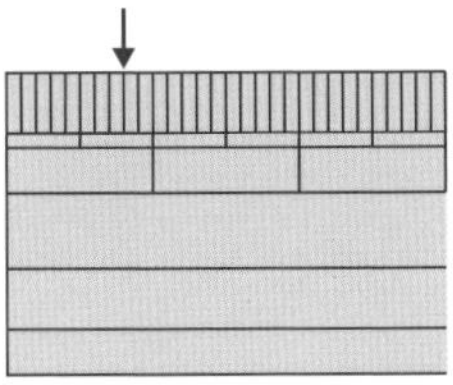
（　　）

④
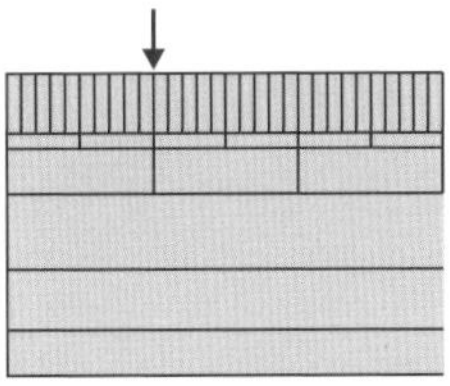
（　　mm）

⑤
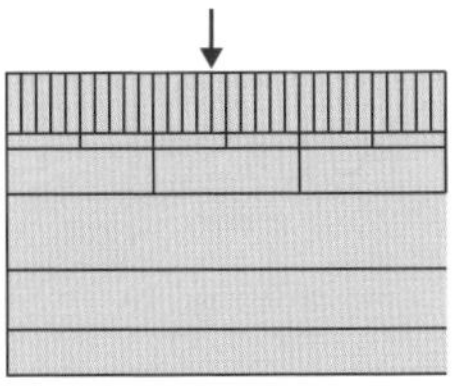
（　　）

mmも　ながさの　たんいです。

19

ながさ⑤

ながさしらべ⑤

とくてん　　てん

答え➡別冊5ページ

おぼえよう

1cm ＝ 10mm

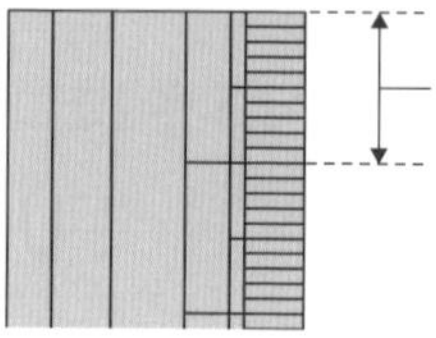

1cm ＝ 10mm

1 □に　あてはまる　かずを　かきましょう。〔1もん　3てん〕

① 1cm ＝ □ mm　　② 2cm ＝ □ mm

③ 3cm ＝ □ mm　　④ 6cm ＝ □ mm

⑤ 5cm ＝ □ mm　　⑥ 4cm ＝ □ mm

⑦ 7cm ＝ □ mm　　⑧ 8cm ＝ □ mm

⑨ 9cm ＝ □ mm　　⑩ 10cm ＝ □ mm

☆⑪ 12cm ＝ □ mm　　☆⑫ 15cm ＝ □ mm

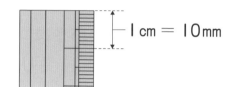

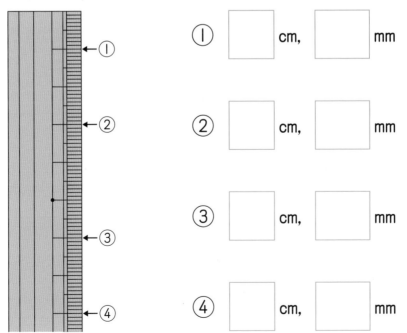

2 　ものさしの　左はしから　↓までの　ながさは　なんcmですか。また　それは　なんmmですか。　〔1つ　4てん〕

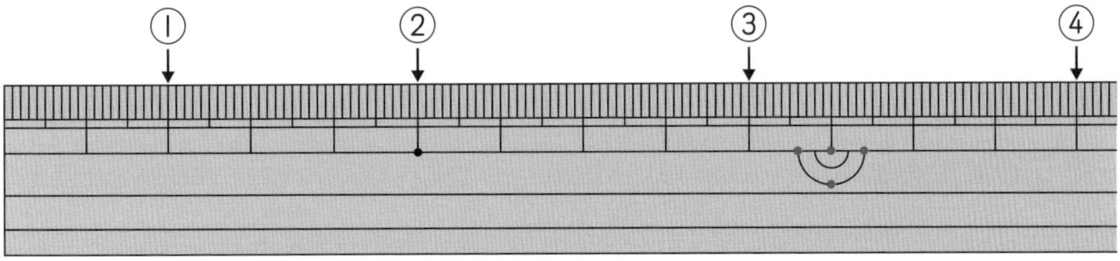
①
②
③
④

① □ cm, □ mm

② □ cm, □ mm

③ □ cm, □ mm

☆④ □ cm, □ mm

3 　ものさしの　上から　←までの　ながさは　なんcmですか。また，それは　なんmmですか。　〔1つ　4てん〕

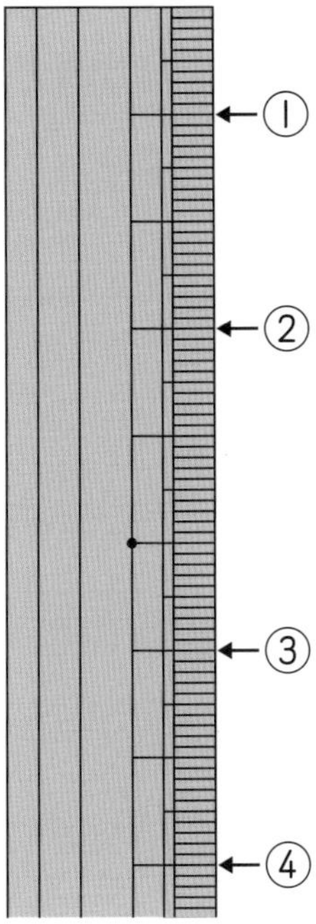
①
②
③
④

① □ cm, □ mm

② □ cm, □ mm

③ □ cm, □ mm

④ □ cm, □ mm

20 ながさ⑥ ながさしらべ⑥

とくてん　　てん

答（こた）え➡別冊（べっさつ）5ページ

おぼえよう

まっすぐな　線（せん）を　**直線（ちょくせん）**と　いいます。

1　つぎの　直線（ちょくせん）の　ながさは　なん cm なん mm ですか。

〔1もん　10てん〕

①

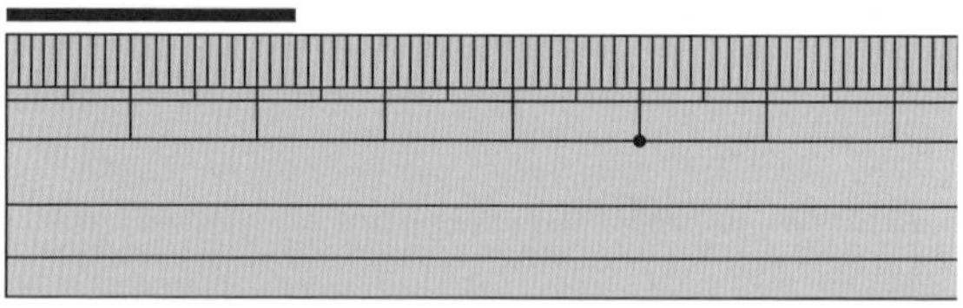

（ 2 cm 3 mm ）

②

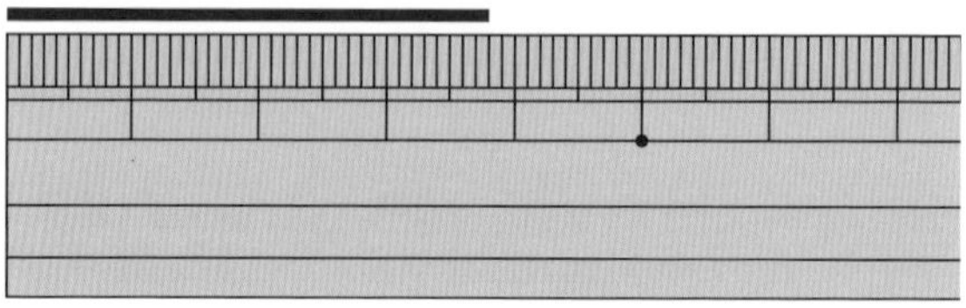

（　　　　）

③

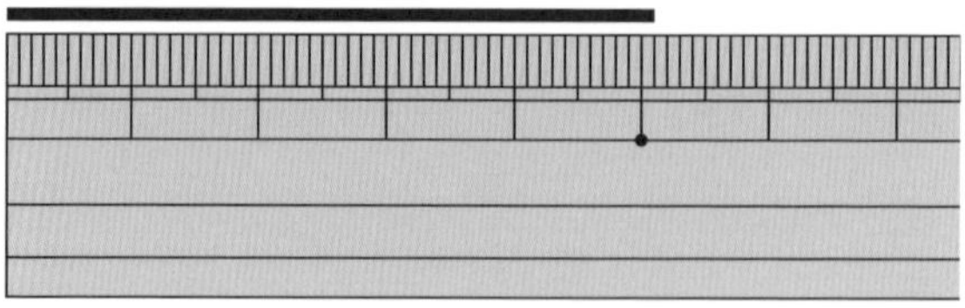

（　　　　）

④

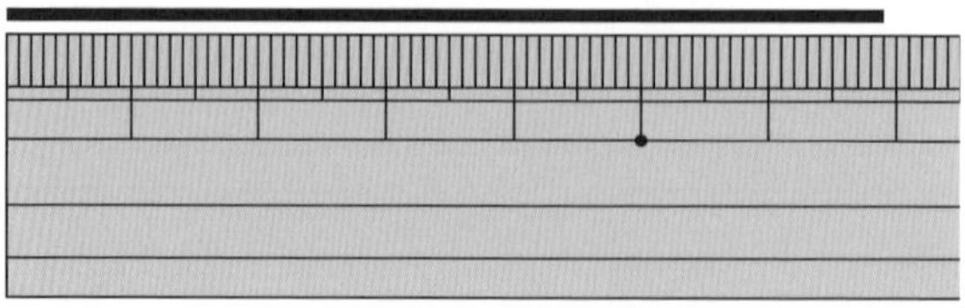

（　　　　）

2

つぎの　直線の　ながさは　なん cm なん mm ですか。

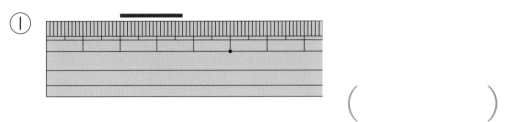

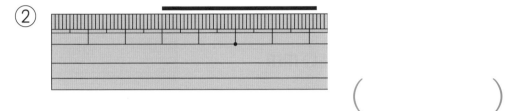

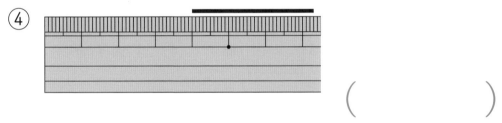

〔1もん　10てん〕

①

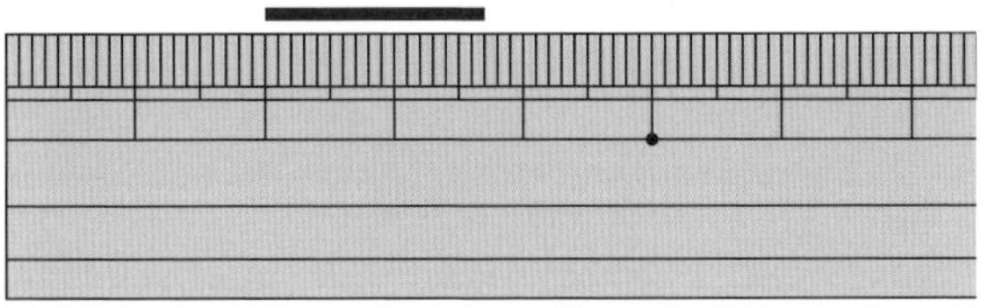

(　　　　　　)

②

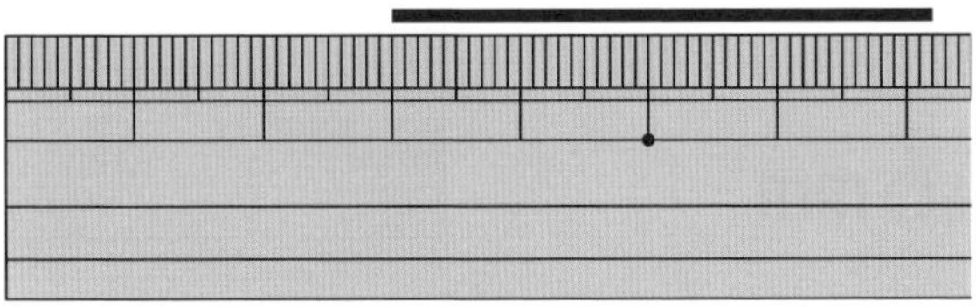

(　　　　　　)

③

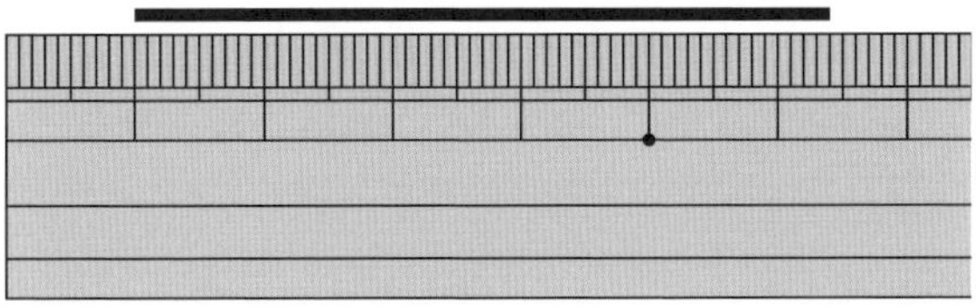

(　　　　　　)

④

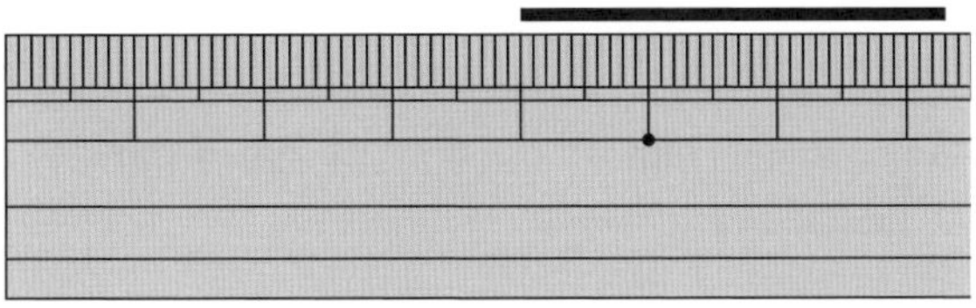

(　　　　　　)

⑤

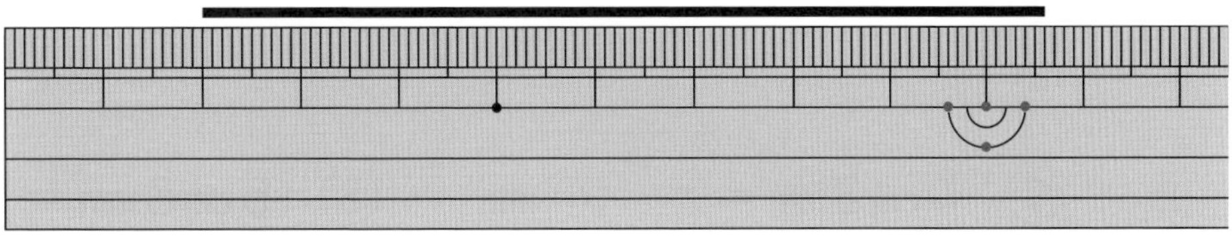

(　　　　　　)

⑥

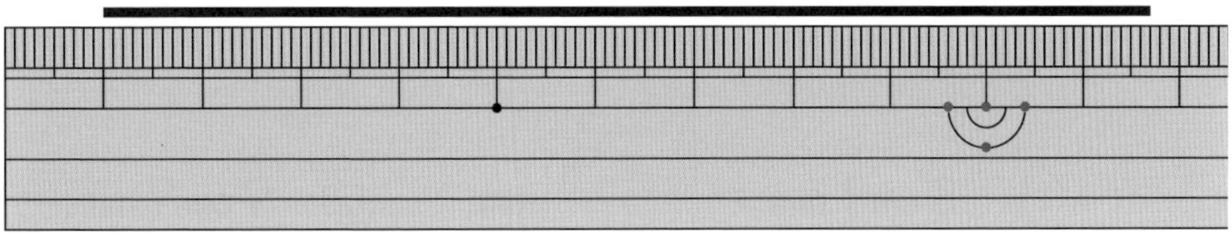

(　　　　　　)

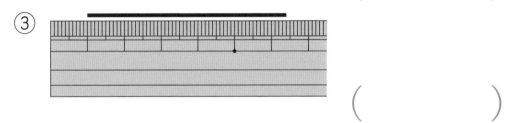

21 ながさ⑦ cmと　mm①

とくてん
てん
答え➡別冊5ページ

れい

1 cm ＝ 10 mm

4 cm 6 mm ＝ 46 mm

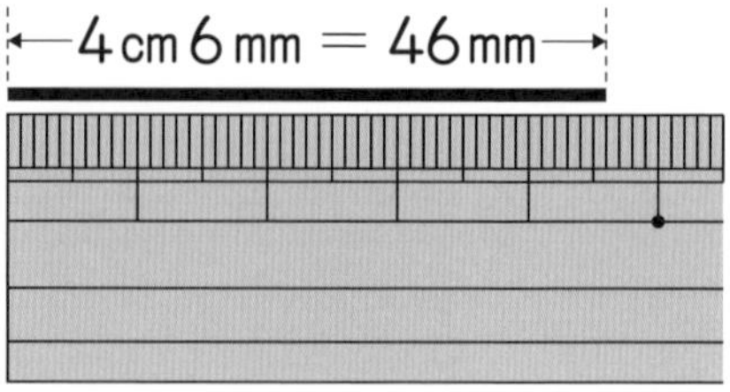
4 cm 6 mm ＝ 46 mm

1　□に　あてはまる　かずを　かきましょう。〔1もん　5てん〕

① 1 cm 1 mm ＝ [11] mm　　② 1 cm 2 mm ＝ □ mm

③ 1 cm 4 mm ＝ □ mm　　④ 1 cm 9 mm ＝ □ mm

⑤ 2 cm 6 mm ＝ □ mm　　⑥ 3 cm 7 mm ＝ □ mm

⑦ 4 cm 3 mm ＝ □ mm　　⑧ 5 cm 8 mm ＝ □ mm

⑨ 6 cm 5 mm ＝ □ mm　　⑩ 7 cm 4 mm ＝ □ mm

⑪ 8 cm 1 mm ＝ □ mm　　⑫ 9 cm 7 mm ＝ □ mm

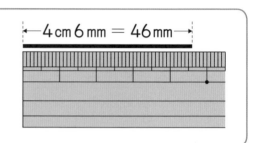

2

つぎの　テープの　ながさは　なんcmなんmmですか。また　それは　なんmmですか。　〔1つ　5てん〕

①

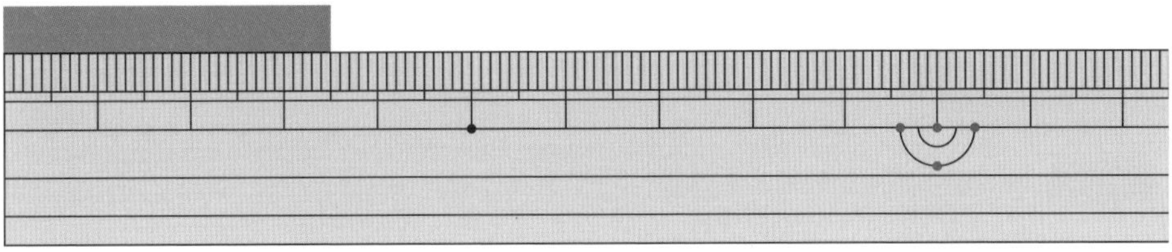

（　　cm　　mm），（　　　　mm）

②

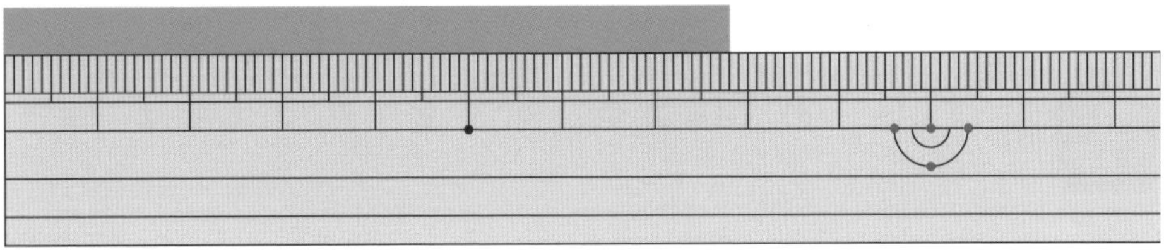

（　　　　　　），（　　　　　　）

3

つぎの　テープの　ながさは　なんcmなんmmですか。また　それは　なんmmですか。　〔1つ　5てん〕

①

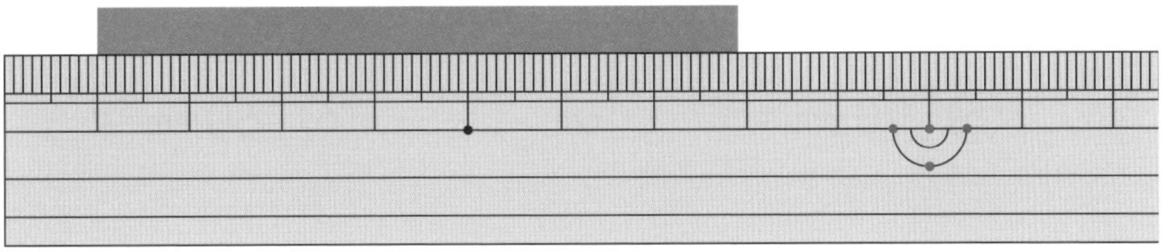

（　　　　　　），（　　　　　　）

②

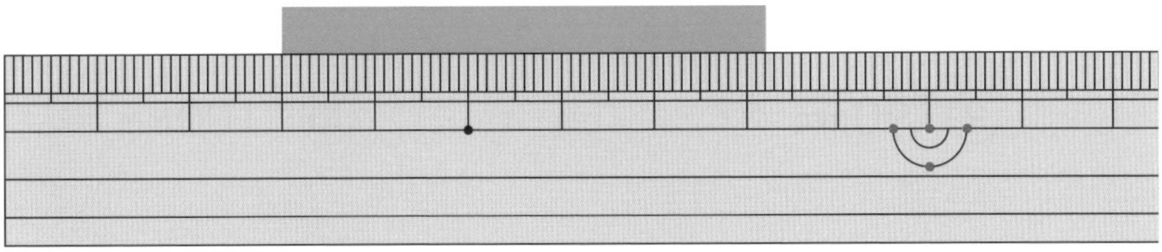

（　　　　　　），（　　　　　　）

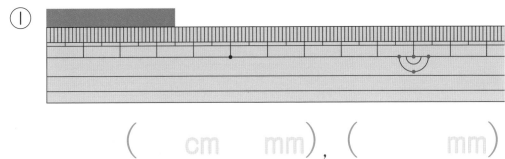

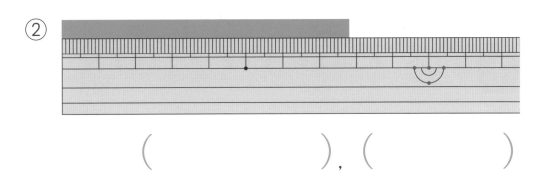

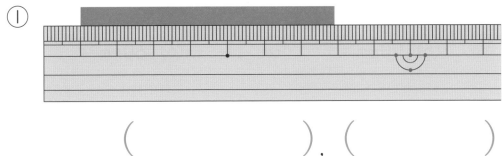

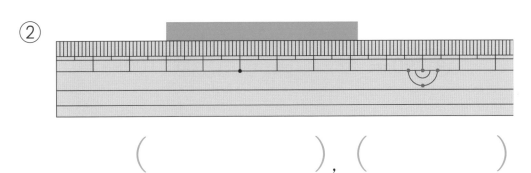

22 ながさ⑧ cmと　mm②

とくてん　　てん

答え➡別冊5ページ

れい

10mm ＝ 1cm　　20mm ＝ 2cm

11mm ＝ 1cm 1mm　　23mm ＝ 2cm 3mm

1 □に　あてはまる　かずを　かきましょう。〔1もん　5てん〕

① 10mm ＝ □ cm　　② 20mm ＝ □ cm

③ 30mm ＝ □ cm　　④ 40mm ＝ □ cm

⑤ 70mm ＝ □ cm　　⑥ 60mm ＝ □ cm

⑦ 50mm ＝ □ cm　　⑧ 80mm ＝ □ cm

⑨ 90mm ＝ □ cm　　⑩ 100mm ＝ 10 cm

☆⑪ 150mm ＝ □ cm　　☆⑫ 200mm ＝ □ cm

2 □に　あてはまる　かずを　かきましょう。〔1もん　5てん〕

① 13mm＝□cm□mm

② 29mm＝□cm□mm

③ 31mm＝□cm□mm

④ 46mm＝□cm□mm

⑤ 57mm＝□cm□mm

⑥ 62mm＝□cm□mm

⑦ 78mm＝□cm□mm

⑧ 84mm＝□cm□mm

10mm＝1cmを
もとに　するよ。

23 ながさ⑨ ながさしらべ⑦

とくてん　　てん

答え➡別冊6ページ

おぼえよう

〔ながさを　はかる〕

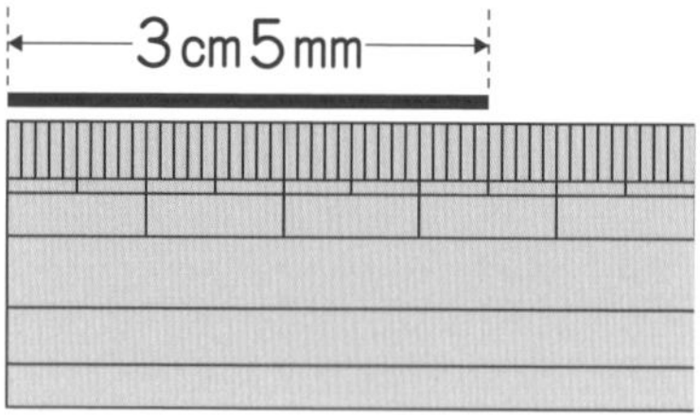

3cm5mm

ものさしは　ながさを　はかる　どうぐです。

〔直線を　ひく〕

直線を　ひくときは，めもりが　ついて　いないほうを　つかうよ。

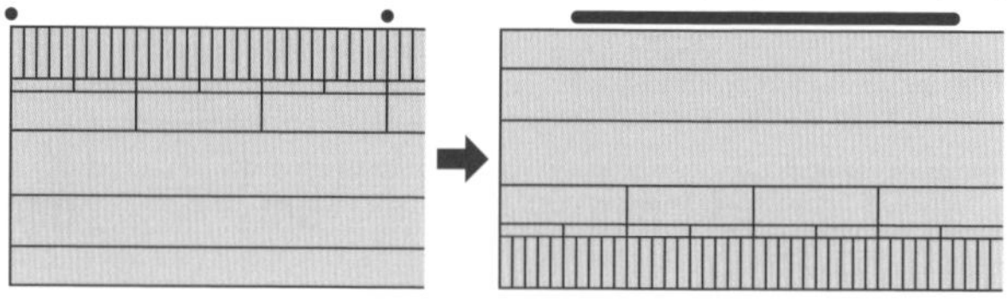

かきたい　ながさを　はかって　点を　うち，点と　点を　むすびます。

1 つぎの　直線の　ながさを　はかりましょう。

〔1もん　10てん〕

①

(　　　　　)

②

(　　　　　)

③

(　　　　　)

2

つぎの　ながさの　直線（ちょくせん）を　•から　---------に　そって　ひきましょう。　〔1もん　10てん〕

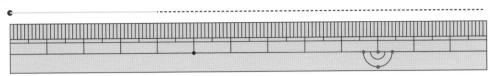

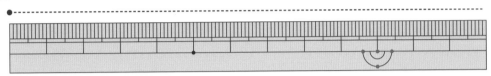

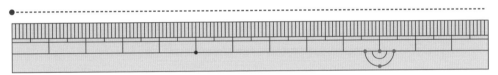

① 4 cm

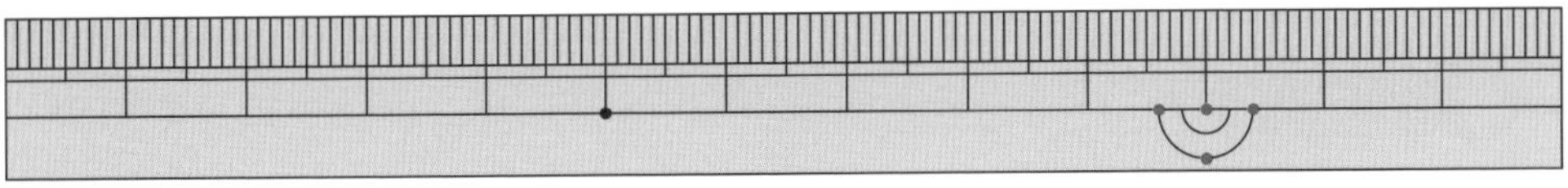

② 7 cm

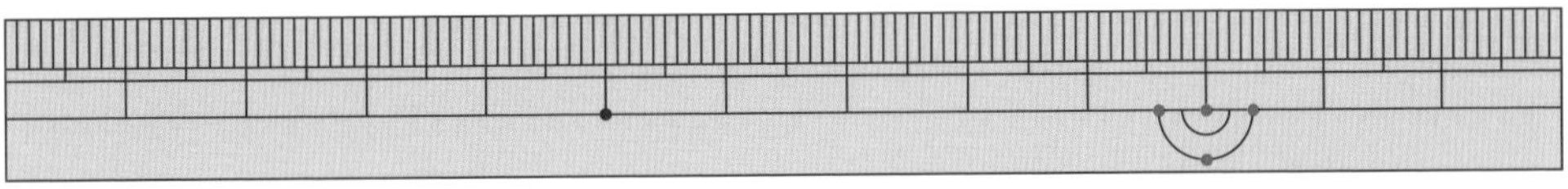

③ 11 cm

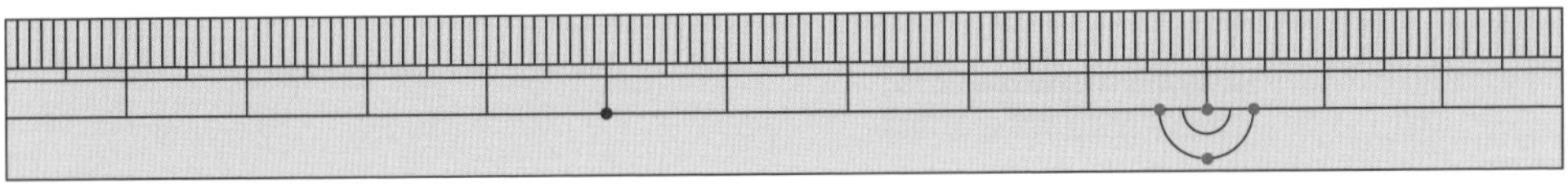

④ 5 cm 5 mm

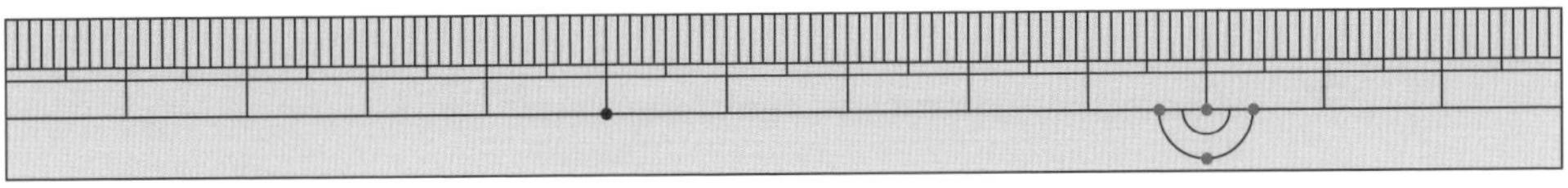

⑤ 9 cm 5 mm

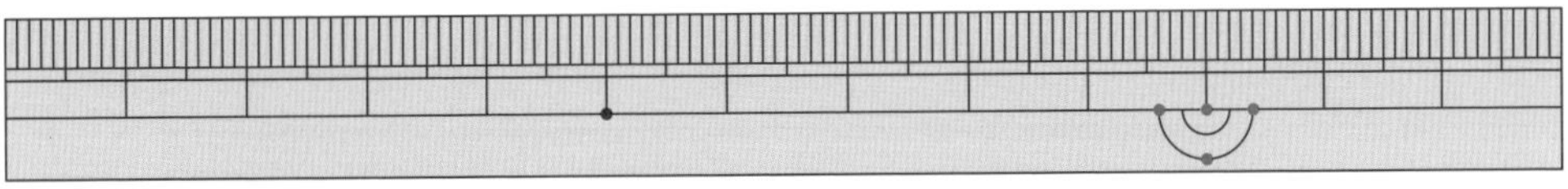

⑥ 6 cm 8 mm

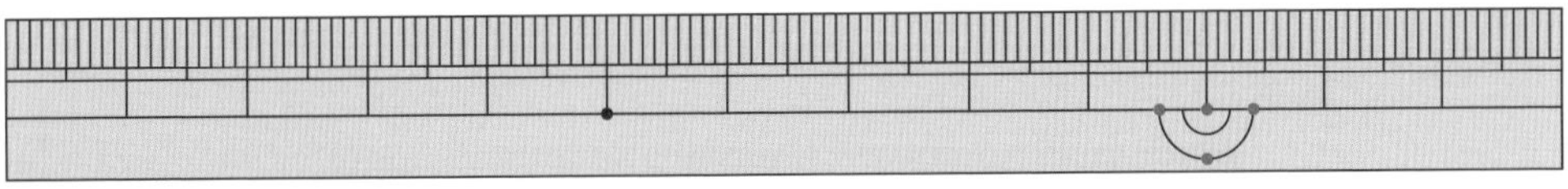

⑦ 12 cm 3 mm

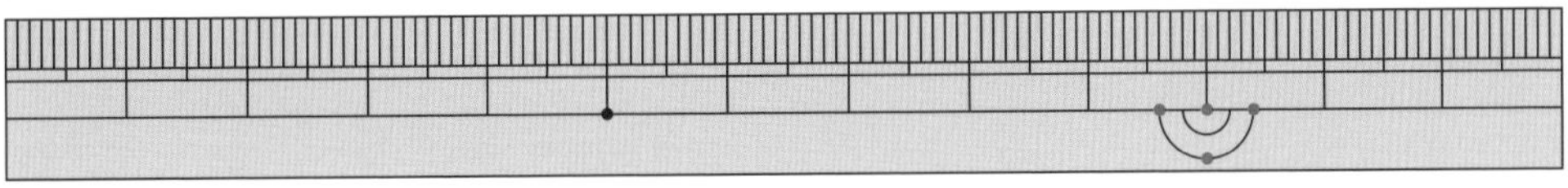

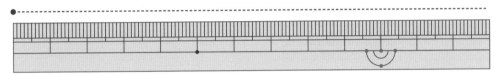

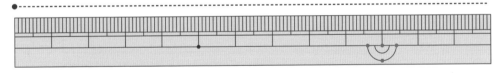

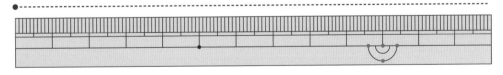

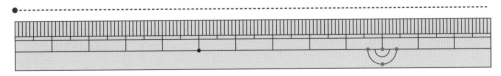

24 ながさ⑩ ながい ものの ながさ

とくてん　　　　てん

答え➡別冊6ページ

おぼえよう

1m＝100cm

ながい　ものの　ながさを　あらわすときは，**メートル**と　いう　たんいを　つかい，mと　かきます。

1 　30cmの　ものさしを　つなげて　います。左はしから↓までの　ながさは　なんcmですか。〔1もん　10てん〕

①
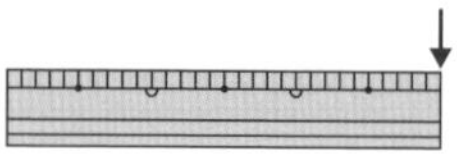

（　　　　　　）

②
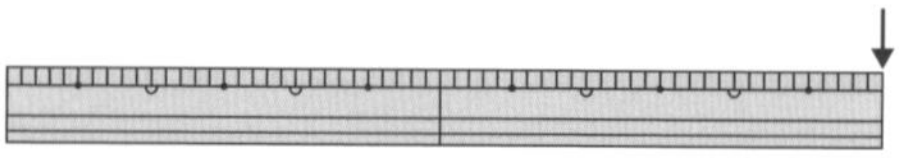

（　　　　　　）

③
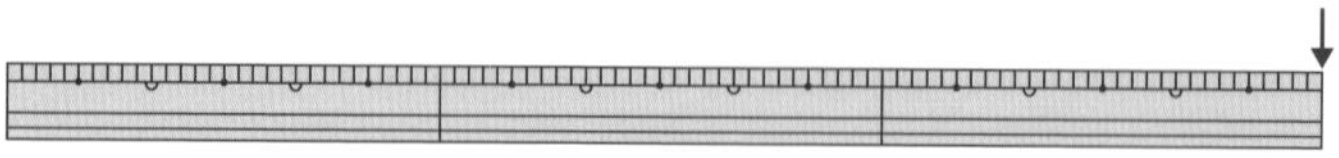

（　　　　　　）

④
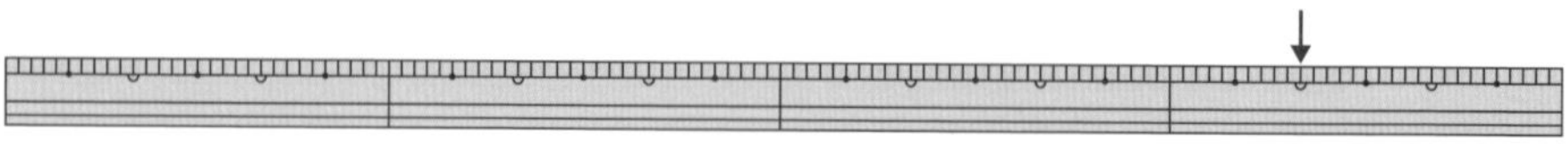

（　　　　　　）

2

□に　あてはまる　かずを　かきましょう。〔1つ　10てん〕

1mは　30cmの　ものさし　□　つぶんと　あと　□　cm
の　ながさです。

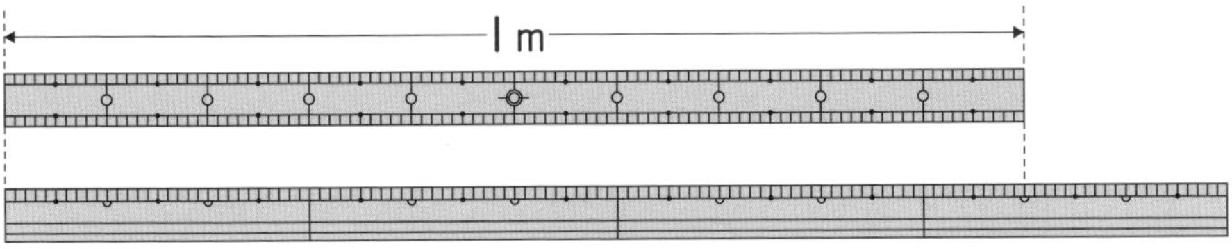
1m

3

1mの　ものさしに　30cmの　ものさしを　つなげました。
上から　←までの　ながさは　なんmなんcmですか。

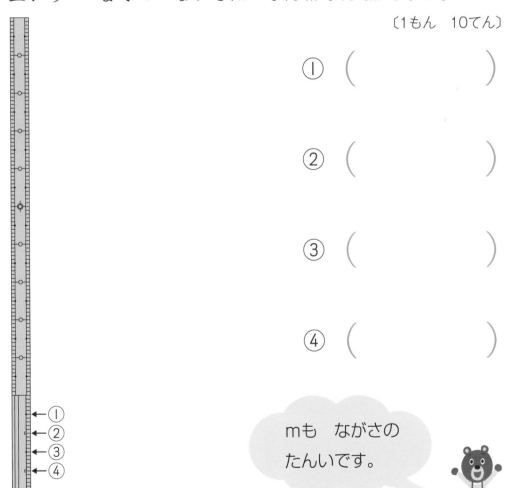

〔1もん　10てん〕

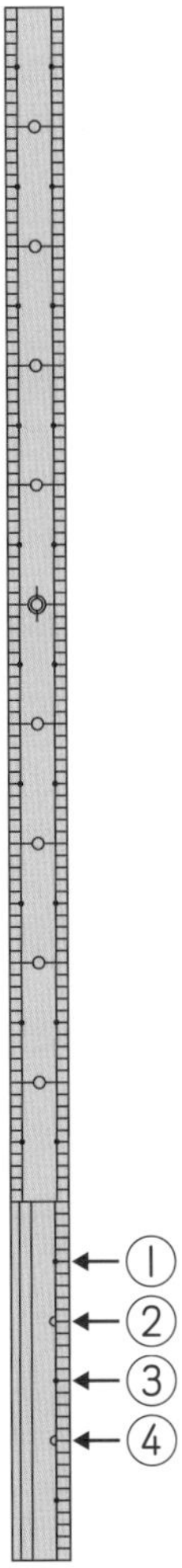
①
②
③
④

①（　　　　　　）

②（　　　　　　）

③（　　　　　　）

④（　　　　　　）

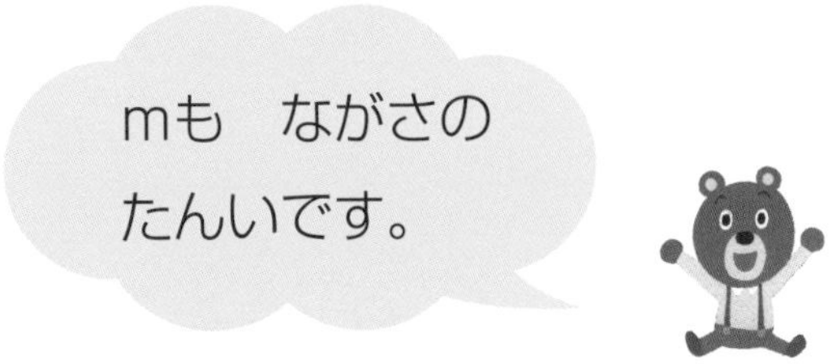
mも　ながさの
たんいです。

25 ながさ⑪ mと cm①

とくてん
てん

答え➡別冊6ページ

1 1mの ものさしを つなげて いきます。□に あてはまる かずを かきましょう。〔1つ 4てん〕

① 1mの ものさし 1つぶん…1 m＝100 cm

② 1mの ものさし 2つぶん…2 m＝□ cm

③ 1mの ものさし 3つぶん…□ m＝□ cm

④ 1mの ものさし 4つぶん…□ m＝□ cm

⑤ 1mの ものさし 5つぶん…□ m＝□ cm

⑥ 1mの ものさし 6つぶん…□ m＝□ cm

2

□に　あてはまる　かずを　かきましょう。〔1もん　4てん〕

① 1m＝□cm　　② 2m＝□cm

③ 3m＝□cm　　④ 5m＝□cm

⑤ 8m＝□cm　　⑥ 6m＝□cm

⑦ 7m＝□cm　　⑧ 4m＝□cm

⑨ 9m＝□cm　　⑩ 10m＝1000cm

⑪ 6m＝□cm　　⑫ 11m＝□cm

⑬ 13m＝□cm

1m＝100cmを
もとに　します。

26

ながさ⑫

m と cm②

とくてん　　てん

答え➡別冊7ページ

れい

1 m50 cm = 150 cm

1 m5 cm = 105 cm

1 □に あてはまる かずを かきましょう。〔1もん 4てん〕

① 1 m10 cm = [110] cm　② 1 m20 cm = [ ] cm

③ 1 m30 cm = [ ] cm　④ 1 m60 cm = [ ] cm

⑤ 1 m90 cm = [ ] cm　⑥ 2 m = [ ] cm

⑦ 2 m10 cm = [ ] cm　⑧ 2 m50 cm = [ ] cm

⑨ 3 m10 cm = [ ] cm　⑩ 3 m30 cm = [ ] cm

2

□に　あてはまる　かずを　かきましょう。〔1もん　4てん〕

① 1m15cm＝[115]cm

② 1m25cm＝□cm

③ 1m32cm＝□cm

④ 2m32cm＝□cm

⑤ 1m3cm＝[103]cm

⑥ 1m8cm＝□cm

⑦ 1m18cm＝□cm

⑧ 2m5cm＝□cm

⑨ 2m55cm＝□cm

⑩ 2m47cm＝□cm

⑪ 3m10cm＝□cm

⑫ 3m1cm＝□cm

⑬ 3m11cm＝□cm

⑭ 7m8cm＝□cm

⑮ 6m42cm＝□cm

27

ながさ⑬

m と　cm③

とくてん

てん

答え➡別冊7ページ

れい

100cm ＝ 1m　　200cm ＝ 2m

105cm ＝ 1m5cm　　210cm ＝ 2m10cm

1 □に　あてはまる　かずを　かきましょう。〔1もん　5てん〕

① 100cm ＝ □ m　　② 300cm ＝ □ m

③ 400cm ＝ □ m　　④ 500cm ＝ □ m

⑤ 200cm ＝ □ m　　⑥ 600cm ＝ □ m

⑦ 800cm ＝ □ m　　⑧ 700cm ＝ □ m

⑨ 900cm ＝ □ m　　⑩ 1000cm ＝ 10 m

⑪ 1100cm ＝ □ m　　⑫ 1300cm ＝ □ m

2

□に　あてはまる　かずを　かきましょう。〔1もん　5てん〕

① 108cm ＝ [1] m [8] cm

② 180cm ＝ [　] m [　] cm

③ 163cm ＝ [　] m [　] cm

④ 199cm ＝ [　] m [　] cm

⑤ 206cm ＝ [　] m [　] cm

⑥ 225cm ＝ [　] m [　] cm

⑦ 340cm ＝ [　] m [　] cm

⑧ 471cm ＝ [　] m [　] cm

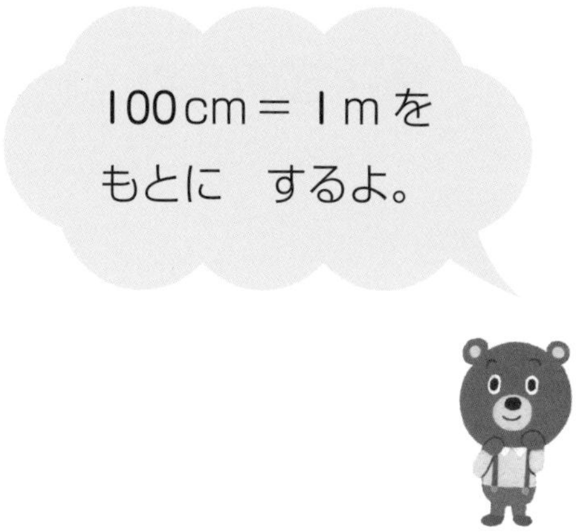
100cm＝1mを
もとに　するよ。

28 ながさ⑭
ものと　たんい

とくてん
てん
答え➡別冊7ページ

1

□に　あてはまる　たんいを　かきましょう。

〔1もん　4てん〕

① えんぴつの　ながさ…17 cm

② はがきの　よこの　ながさ…10 □

③ きょうしつの　たての　ながさ…8 m

④ つくえの　たての　ながさ…40 □

⑤ プールの　ふかさ…1 □

⑥ 50円玉の　あなの　大きさ…4 mm

⑦ ビルの　たかさ…12 □

2 □に　あてはまる　たんいを　かきましょう。

〔1もん　8てん〕

① きょうかしょの　あつさ…6□

② ボールペンの　ながさ…15□

③ かみテープの　はば…15□

④ おねえさんの　せの　たかさ…150□

⑤ 1000円さつの　よこの　ながさ…150□

⑥ ガムの　ながさ…7□

⑦ バスの　ながさ…7□

⑧ じてんの　あつさ…3□

⑨ ノートの　あつさ…3□

mm，cm，mの
どの　たんいを
あてはめれば
いいかな。

29 ながさ⑮ まとめ

とくてん　　てん

答え➡別冊7ページ

1 □に　あてはまる　かずを　かきましょう。〔1もん　3てん〕

① 1 cm ＝ □ mm　　② 8 cm ＝ □ mm

③ 4 cm ＝ □ mm　　④ 9 cm ＝ □ mm

⑤ 1 cm 3 mm ＝ □ mm　　⑥ 1 cm 5 mm ＝ □ mm

⑦ 2 cm 1 mm ＝ □ mm　　⑧ 3 cm 9 mm ＝ □ mm

⑨ 10mm ＝ □ cm　　⑩ 130mm ＝ □ cm

⑪ 25mm ＝ □ cm □ mm

⑫ 53mm ＝ □ cm □ mm

cmと　mmの
かんけいだよ。

2 □に　あてはまる　かずを　かきましょう。〔1もん　4てん〕

① 1m＝□cm　② 6m＝□cm

③ 9m＝□cm　④ 10m＝□cm

⑤ 1m5cm＝□cm　⑥ 1m15cm＝□cm

⑦ 2m10cm＝□cm　⑧ 3m64cm＝□cm

⑨ 100cm＝□m　⑩ 700cm＝□m

⑪ 1000cm＝□m　⑫ 1200cm＝□m

⑬ 103cm＝□m□cm

⑭ 145cm＝□m□cm

⑮ 289cm＝□m□cm

⑯ 360cm＝□m□cm

cmと　mの
かんけいだよ。

30 かさ(たいせき) ①

dL

とくてん　　　　てん

答え➡別冊8ページ

おぼえよう

1 dL

かさの　たんいには　**デシリットル**が　あり，
dL と　かきます。

1 水の　かさは　なん dL ですか。　〔1もん　6てん〕

① 
1 dL

(1dL)

② 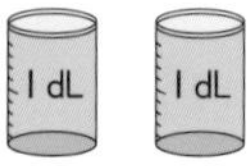
1 dL
1 dL

(2dL)

③ 
1 dL
1 dL
1 dL

(　　　　)

④ 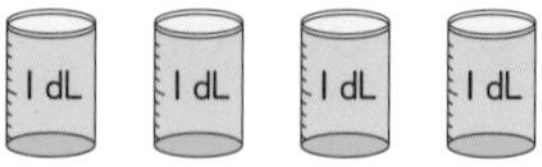
1 dL
1 dL
1 dL
1 dL

(　　　　)

⑤ 
1 dL
1 dL
1 dL
1 dL
1 dL

(　　　　)

⑥ 
1 dL
1 dL
1 dL
1 dL
1 dL
1 dL
1 dL

(　　　　)

⑦ 
1 dL
1 dL
1 dL
1 dL
1 dL
1 dL

(　　　　)

2

□に　あてはまる　かずを　かきましょう。〔1もん　7てん〕

① 1dL ます　8こぶんの　水の　かさは □ dL

② 1dL ます　10こぶんの　水の　かさは □ dL

③ 1dL ます　12こぶんの　水の　かさは □ dL

④ 1dL ます　20こぶんの　水の　かさは □ dL

3

□に　あてはまる　かずを　かきましょう。〔1もん　6てん〕

① 9dL の　水の　かさは　1dL ますで □ こぶん

② 11dL の　水の　かさは　1dL ますで □ こぶん

③ 13dL の　水の　かさは　1dL ますで □ こぶん

④ 15dL の　水の　かさは　1dL ますで □ こぶん

⑤ 30dL の　水の　かさは　1dL ますで □ こぶん

31 かさ(たいせき)② L

とくてん

てん

答え➡別冊8ページ

おぼえよう

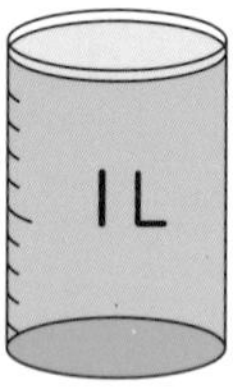
1L

大きな　かさの　たんいには　**リットル**が
あり，　**L**と　かきます。

1 水の　かさは　なんLですか。 〔1もん　8てん〕

① 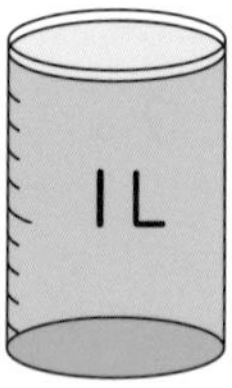
1L

（ 1L ）

② 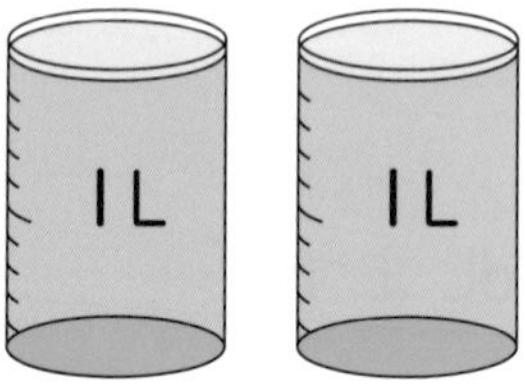
1L
1L

（　　　）

③ 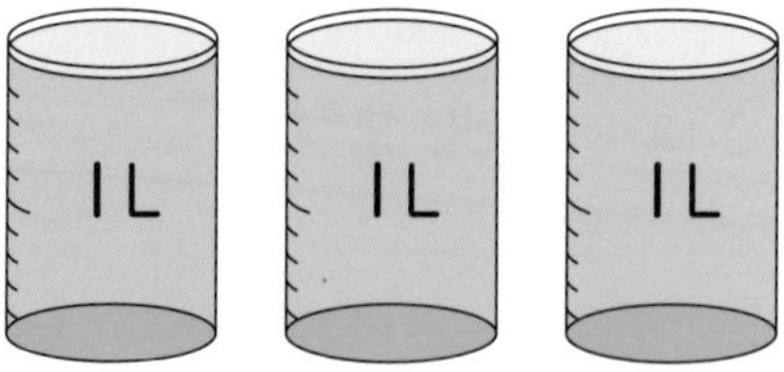
1L
1L
1L

（　　　）

④ 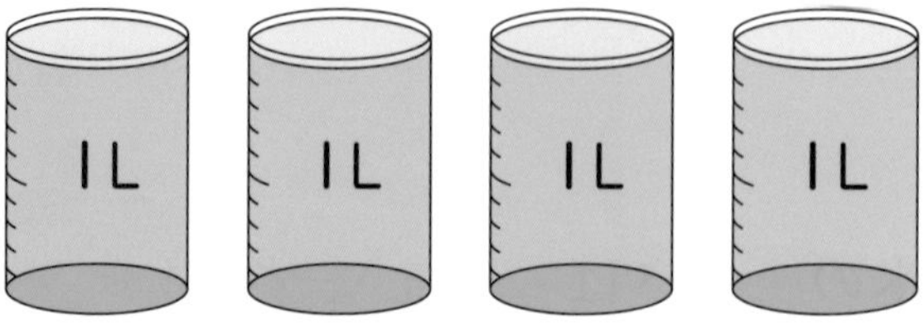
1L
1L
1L
1L

（　　　）

2

□に　あてはまる　かずを　かきましょう。〔1もん　8てん〕

① 1Lます　5こぶんの　水の　かさは　□ L

② 1Lます　7こぶんの　水の　かさは　□ L

③ 1Lます　10こぶんの　水の　かさは　□ L

④ 1Lます　15こぶんの　水の　かさは　□ L

3

□に　あてはまる　かずを　かきましょう。〔1もん　9てん〕

① 6Lの　水の　かさは　1Lますで　□ こぶん

② 9Lの　水の　かさは　1Lますで　□ こぶん

③ 11Lの　水の　かさは　1Lますで　□ こぶん

④ 17Lの　水の　かさは　1Lますで　□ こぶん

32 かさ(たいせき)③
●L○dL①

とくてん
てん

答え➡別冊8ページ

れい

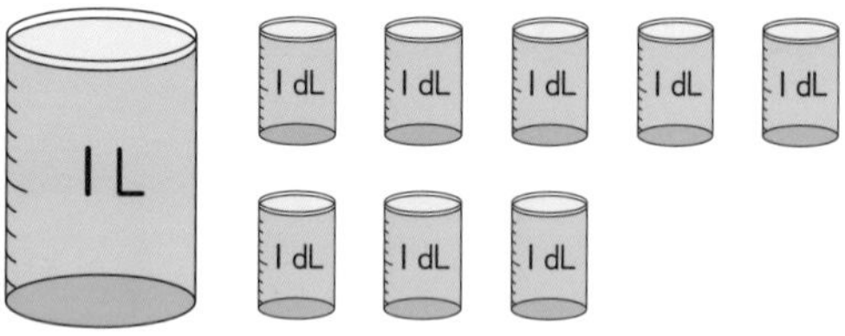
1L
1dL
1dL
1dL
1dL
1dL
1dL
1dL
1dL

➡ 1L8dL

1 水の　かさは　なんLなんdLですか。〔1もん　8てん〕

① 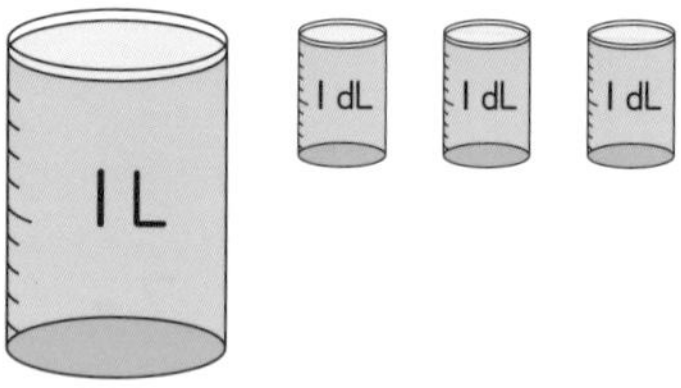
1L
1dL
1dL
1dL

（1L3dL）

② 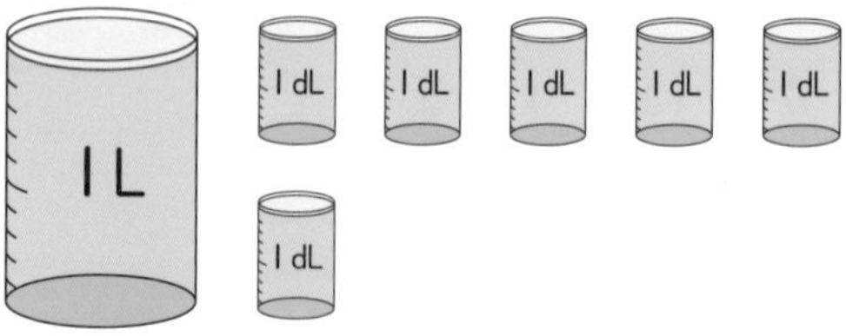
1L
1dL
1dL
1dL
1dL
1dL
1dL

（　　　　）

③ 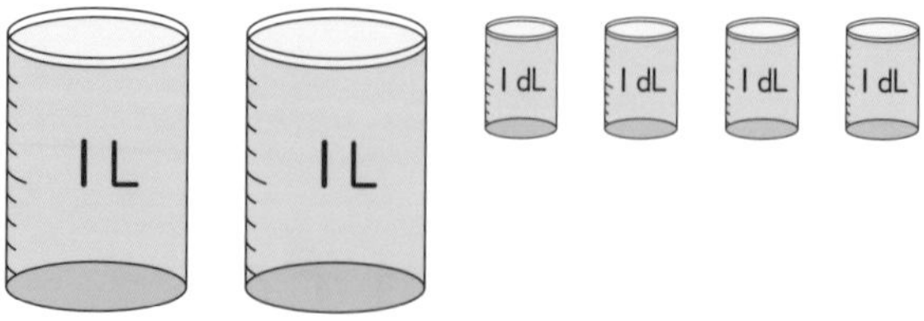
1L
1L
1dL
1dL
1dL
1dL

（2L　　）

④ 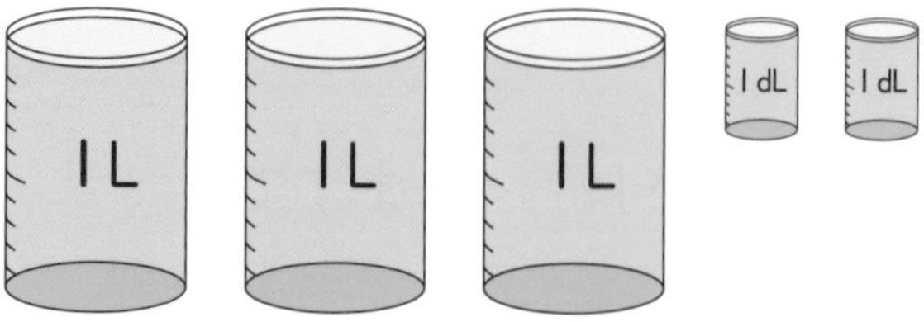
1L
1L
1L
1dL
1dL

（　　　　）

2 □に　あてはまる　かずを　かきましょう。〔1もん　8てん〕

① 1Lます　1こぶんと　1dLます　2こぶんの

水の　かさは，□L□dL

② 1Lます　1こぶんと　1dLます　5こぶんの

水の　かさは，□L□dL

③ 1Lます　2こぶんと　1dLます　8こぶんの

水の　かさは，□L□dL

④ 1Lます　3こぶんと　1dLます　4こぶんの

水の　かさは，□L□dL

3 □に　あてはまる　かずを　かきましょう。〔1もん　9てん〕

① 1L9dLの　水の　かさは，1Lます　1こぶんと

1dLます□こぶん

② 2L5dLの　水の　かさは，1Lます　2こぶんと

1dLます□こぶん

③ 2L9dLの　水の　かさは，1Lます□こぶんと

1dLます　9こぶん

④ 3L1dLの　水の　かさは，1Lます□こぶんと

1dLます　1こぶん

33 かさ(たいせき)④ ●L○dL②

とくてん　　てん

答え➡別冊8ページ

おぼえよう

1L = 10dL

1L
1dL

れい

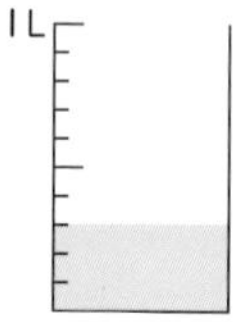
1L

(3dL)

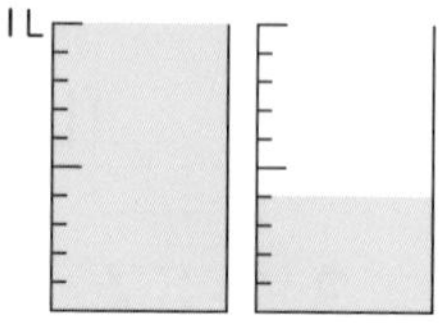
1L

(1L4dL)

1 つぎの　水の　かさを　(　　)に　かきましょう。

〔1もん　5てん〕

①

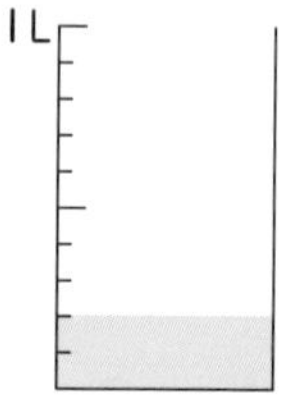
1L

(2dL)

②

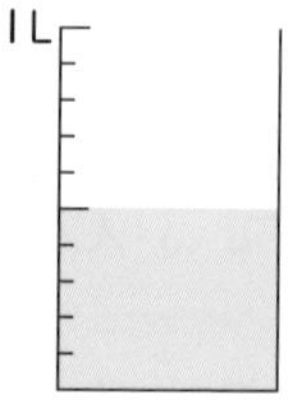
1L

(　　　)

③

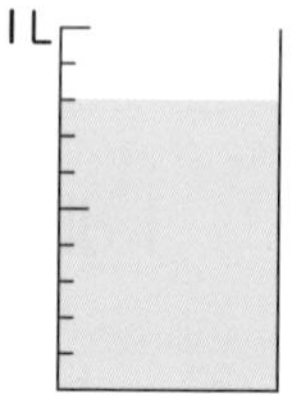
1L

(　　　)

④

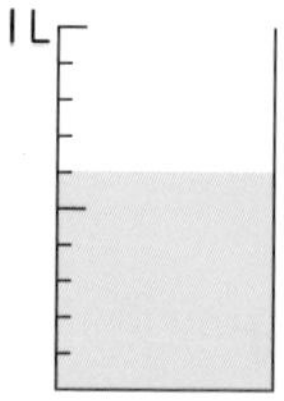
1L

(　　　)

⑤

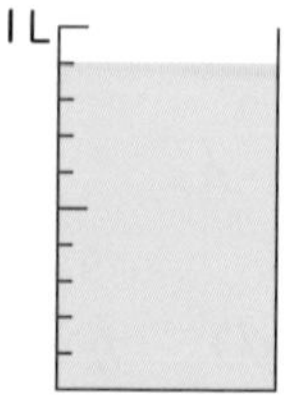
1L

(　　　)

⑥

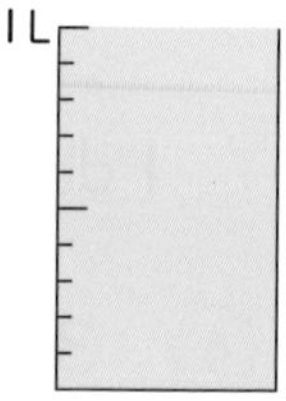
1L

(1L)

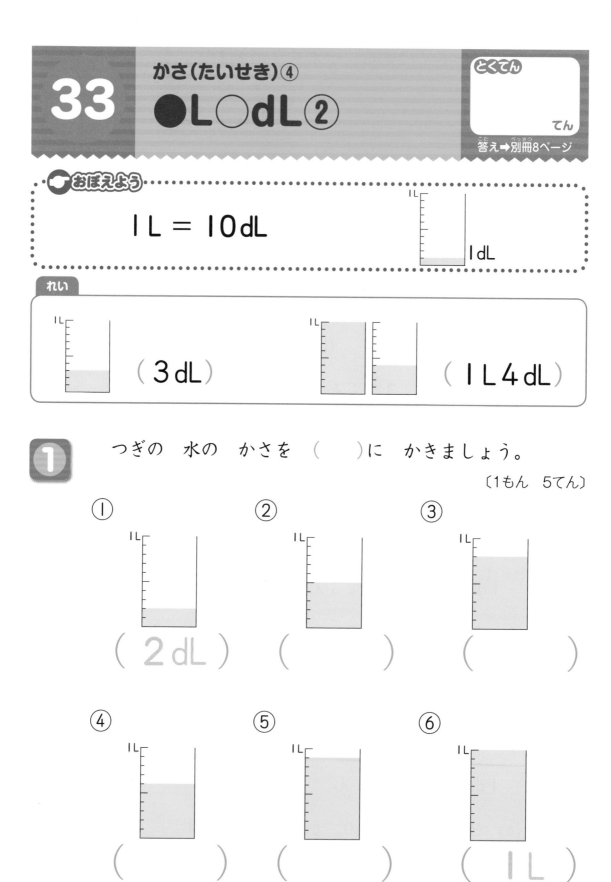

2 つぎの　水の　かさを（　　）に　かきましょう。

〔1もん　10てん〕

①

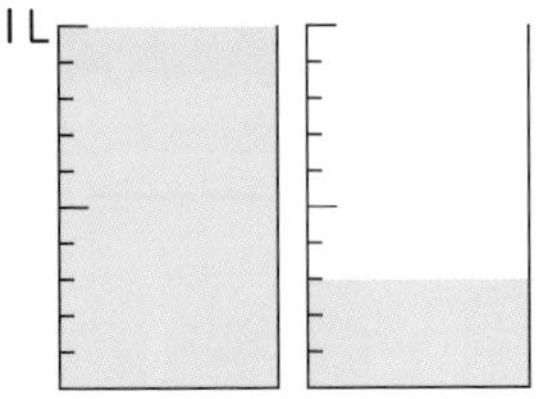
1L

（ 1L3dL ）

②

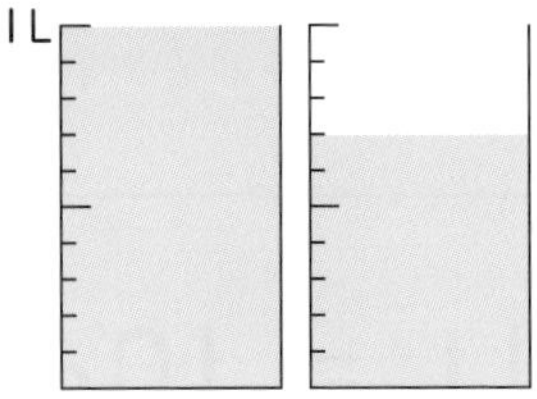
1L

（　　　　　　）

③

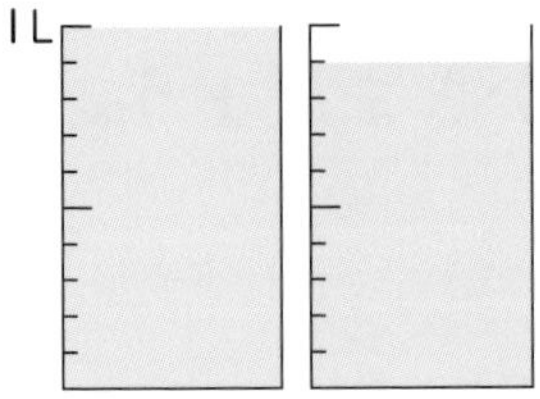
1L

（　　　　　　）

④

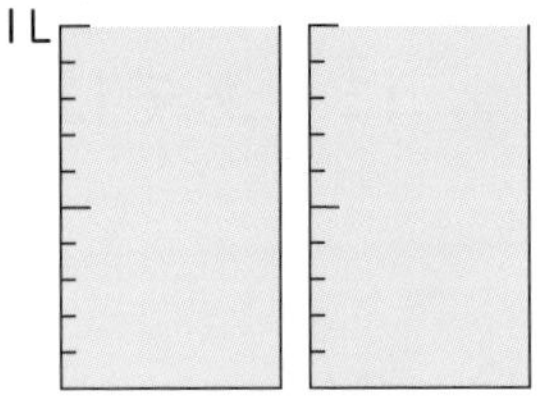
1L

（　　　L）

⑤

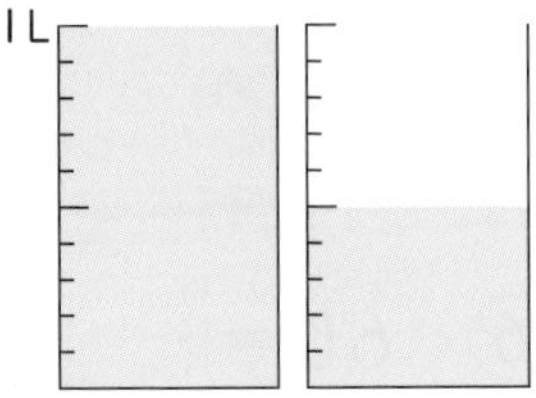
1L

（　　　　　　）

⑥

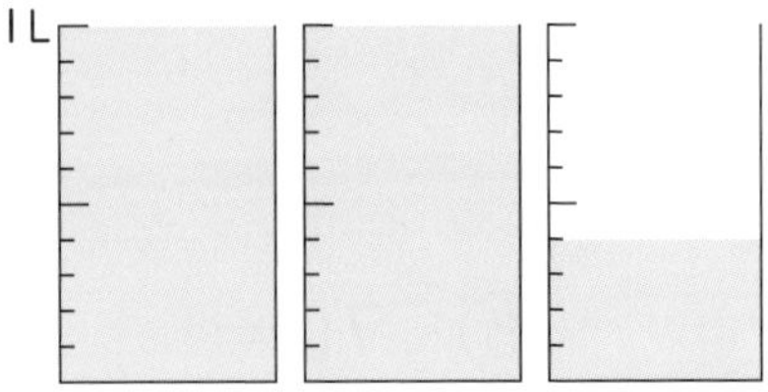
1L

（　　　　　　）

⑦

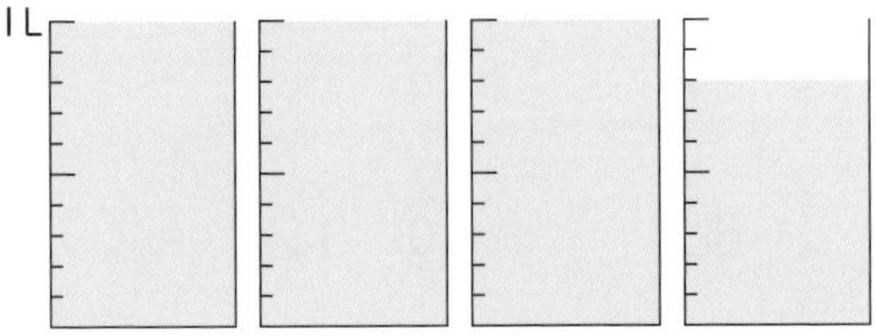
1L

（　　　　　　）

34 かさ(たいせき)⑤
Lと　dL①

とくてん
てん

答え➡別冊9ページ

れい

1L ＝ 10dL
3L ＝ 30dL

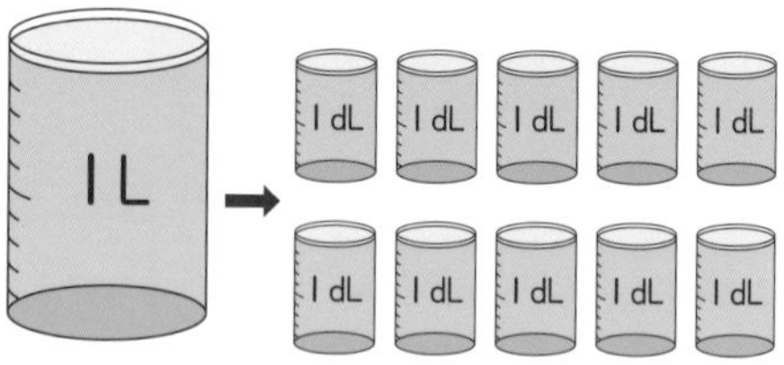

1L
1dL
1dL
1dL
1dL
1dL
1dL
1dL
1dL
1dL
1dL

1 □に　あてはまる　かずを　かきましょう。

〔1もん　10てん〕

① 2L ＝ □ dL　② 4L ＝ □ dL

③ 5L ＝ □ dL　④ 8L ＝ □ dL

⑤ 7L ＝ □ dL　⑥ 6L ＝ □ dL

⑦ 9L ＝ □ dL　⑧ 10L ＝ □ dL

☆⑨ 11L ＝ □ dL　☆⑩ 12L ＝ □ dL

35 かさ(たいせき)⑥
Lと　dL②

とくてん　てん

答え➡別冊9ページ

れい

$10\,dL = 1\,L$

$30\,dL = 3\,L$

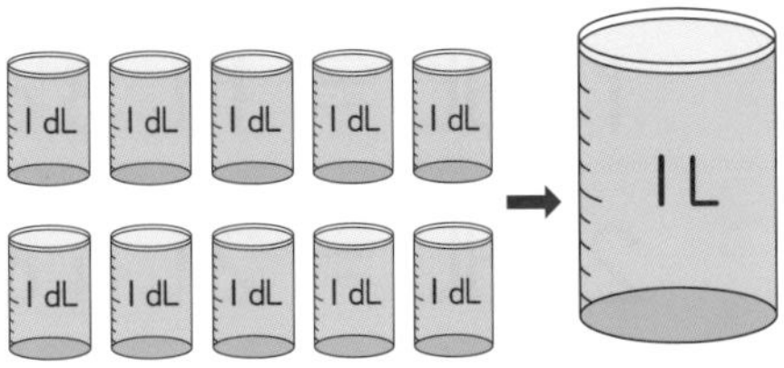

1dL
1dL
1dL
1dL
1dL
1dL
1dL
1dL
1dL
1dL
1L

1

□に　あてはまる　かずを　かきましょう。

〔1もん　10てん〕

① 20dL = □ L　　② 50dL = □ L

③ 70dL = □ L　　④ 40dL = □ L

⑤ 60dL = □ L　　⑥ 80dL = □ L

⑦ 90dL = □ L　　⑧ 100dL = □ L

☆⑨ 110dL = □ L　　☆⑩ 130dL = □ L

36

かさ(たいせき)⑦

Lと　dL③

とくてん

てん

答(こた)え➡別冊(べっさつ)9ページ

れい

13dL ＝ 1L3dL

24dL ＝ 2L4dL

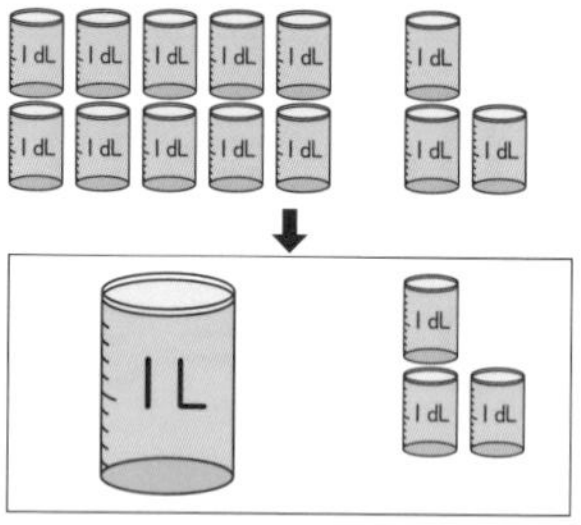

1 dL
1L

1　□に　あてはまる　かずを　かきましょう。〔1もん　5てん〕

① 12dL ＝ [1] L □ dL

② 11dL ＝ □ L □ dL

③ 13dL ＝ □ L □ dL

④ 15dL ＝ □ L □ dL

⑤ 19dL ＝ □ L □ dL

⑥ 20dL ＝ □ L

⑦ 21dL ＝ [2] L □ dL

⑧ 23dL ＝ □ L □ dL

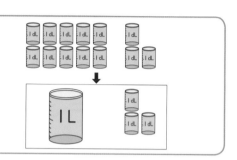

2

□に　あてはまる　かずを　かきましょう。〔1もん　5てん〕

① 28dL = □ L □ dL

② 38dL = □ L □ dL

③ 34dL = □ L □ dL

④ 43dL = □ L □ dL

⑤ 55dL = □ L □ dL

⑥ 70dL = □ L

⑦ 92dL = □ L □ dL

⑧ 99dL = □ L □ dL

3

なんLなんdLか　かきましょう。〔1もん　5てん〕

① 17dL = 　L　dL

② 46dL =

③ 72dL =

④ 91dL =

37

かさ(たいせき)⑧

Lと　dL④

とくてん

てん

答え➡別冊9ページ

れい

1L3dL＝13dL

2L4dL＝24dL

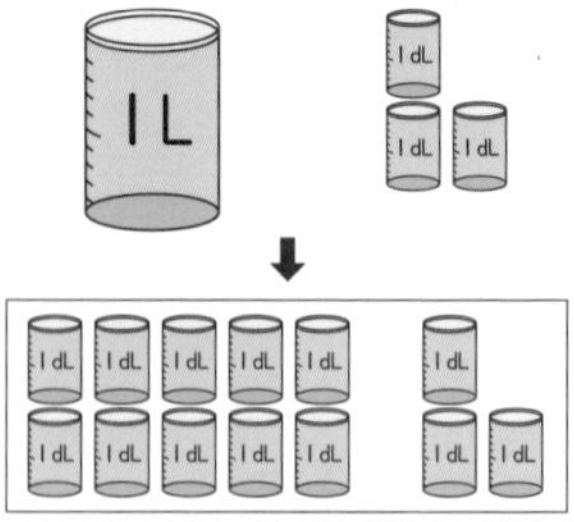

1L
1dL

1 □に　あてはまる　かずを　かきましょう。〔1もん　4てん〕

① 1L＝□dL　② 1L1dL＝□dL

③ 1L4dL＝□dL　④ 1L7dL＝□dL

⑤ 2L＝□dL　⑥ 2L3dL＝□dL

⑦ 2L6dL＝□dL　⑧ 3L5dL＝□dL

⑨ 3L8dL＝□dL　⑩ 4L2dL＝□dL

2

□に　あてはまる　かずを　かきましょう。〔1もん　12てん〕

① 1Lます　1つぶんと　1dLます　5つぶんの

水の　かさは，□L□dLで，これは，□dL

と　おなじです。

② 1Lます　1つぶんと　1dLます　8つぶんの

水の　かさは，□L□dLで，これは，□dL

と　おなじです。

③ 1Lます　2つぶんと　1dLます　4つぶんの

水の　かさは，□L□dLで，これは，□dL

と　おなじです。

3

なんdLか　かきましょう。〔1もん　6てん〕

① 1L3dL＝

② 2L＝

③ 2L8dL＝

④ 3L7dL＝

38 かさ(たいせき)⑨
mL①

とくてん
てん

答え➡別冊9ページ

おぼえよう

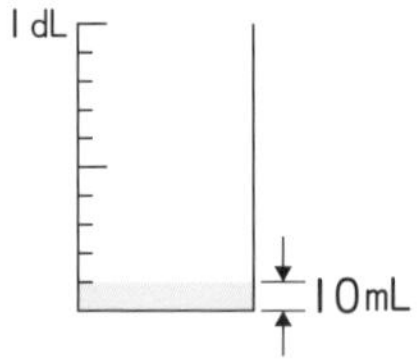
1dL
10mL

Lや　dLより　小さい　かさの　たんいに **ミリリットル**が　あり，**mL**と　かきます。
1dLを　10こに　わけた　1つぶんが　10mLです。

1　水の　かさは　なんmLですか。　〔1もん　5てん〕

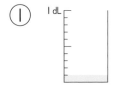

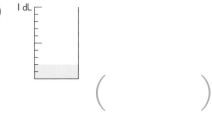

①
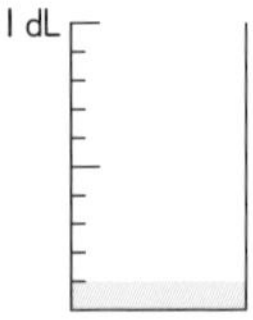
1dL

（10mL）

②
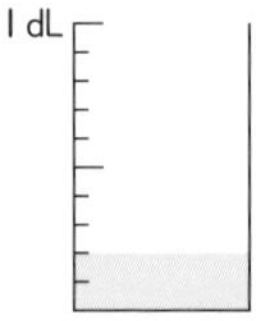
1dL

（　　　　）

③
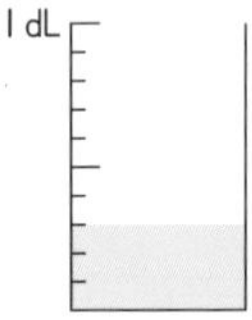
1dL

（　　　　）

④
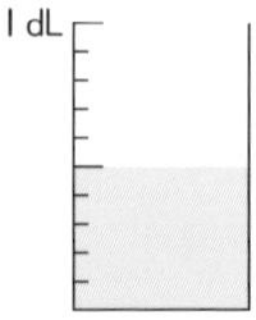
1dL

（　　　　）

⑤
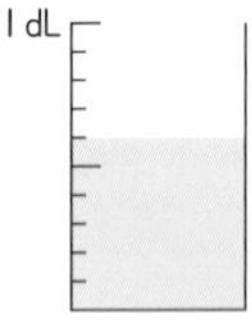
1dL

（　　　　）

⑥
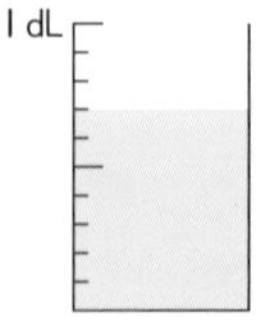
1dL

（　　　　）

⑦
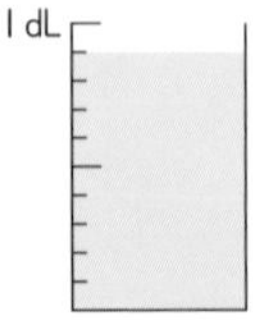
1dL

（　　　　）

⑧
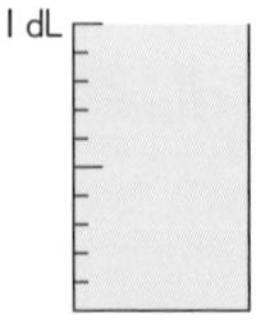
1dL

（　　　　）

2 水の　かさは　なんmLですか。　〔1もん　10てん〕

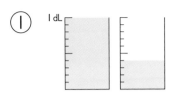

①
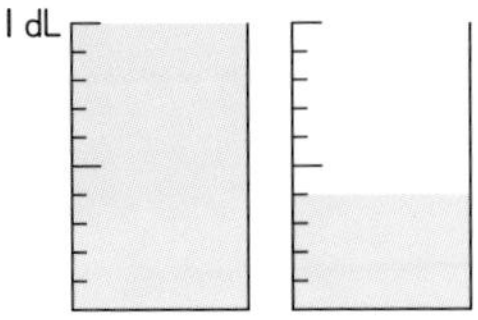
1dL

（ 140mL ）

②
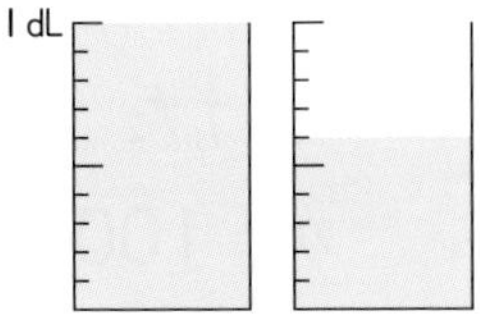
1dL

（　　　　）

③
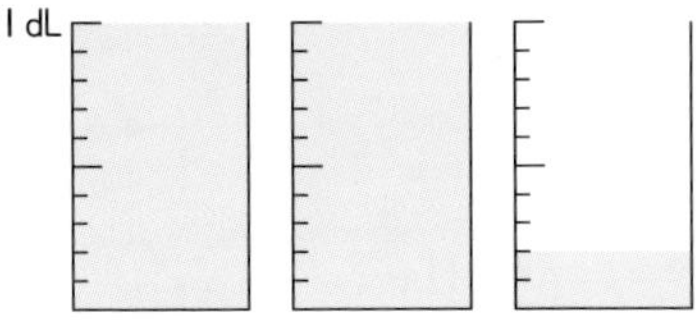
1dL

（　　　　）

④
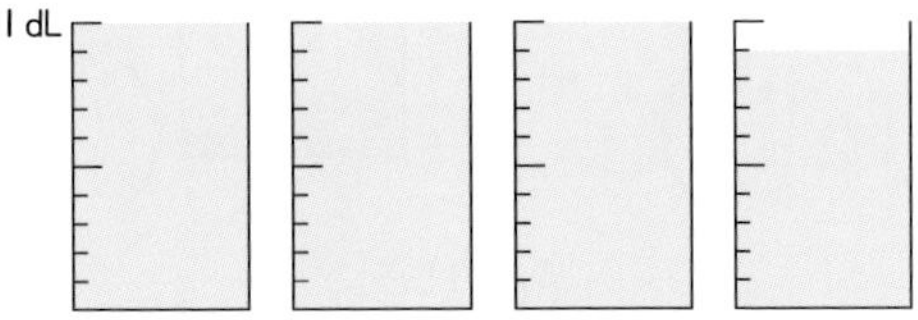
1dL

（　　　　）

⑤
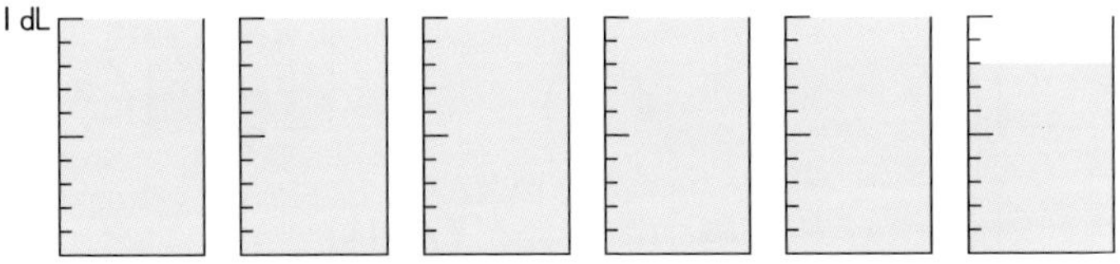
1dL

（　　　　）

⑥
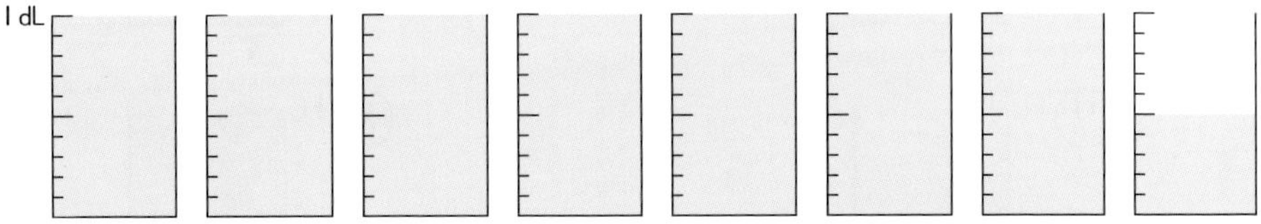
1dL

（　　　　）

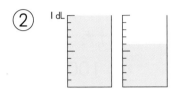

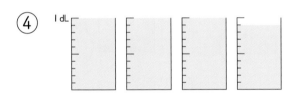

39

かさ(たいせき)⑩

mL②

とくてん

てん

答え➡別冊10ページ

おぼえよう

1L＝1000mL

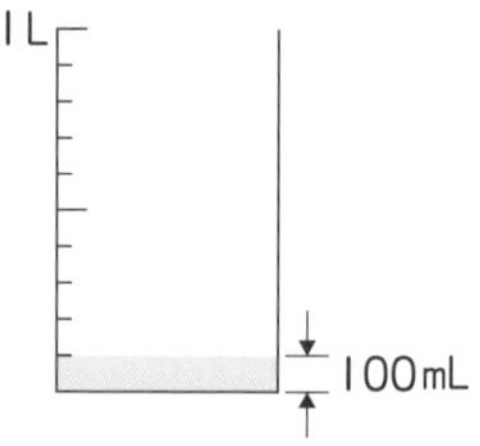
1L
100mL

1Lを　10こに　わけた　1つぶん　が　100mLです。

❶ 水の　かさは　なんmLですか。 〔1もん　5てん〕

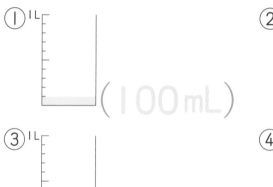

① 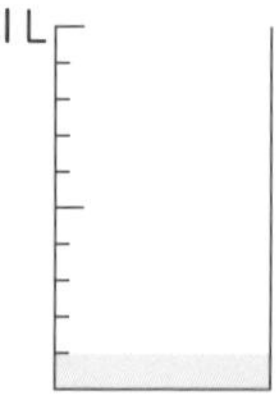 1L (100mL)

② 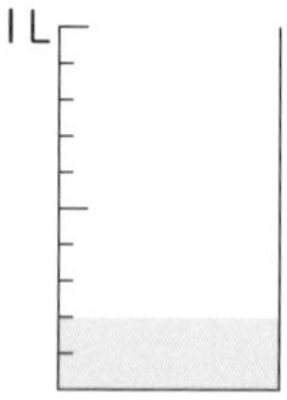 1L (　　　　)

③ 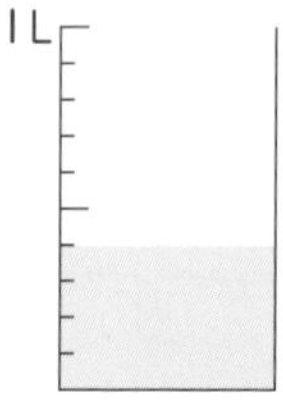 1L (　　　　)

④ 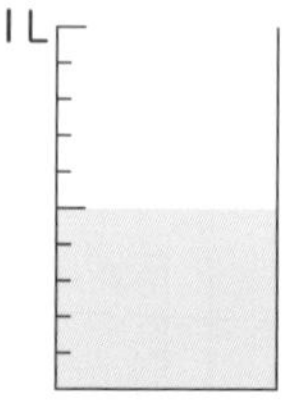 1L (　　　　)

⑤ 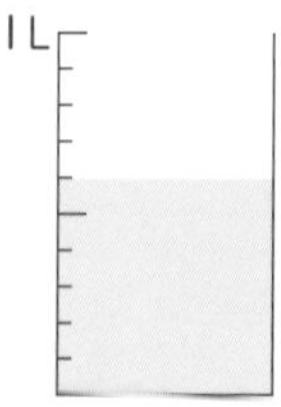 1L (　　　　)

⑥ 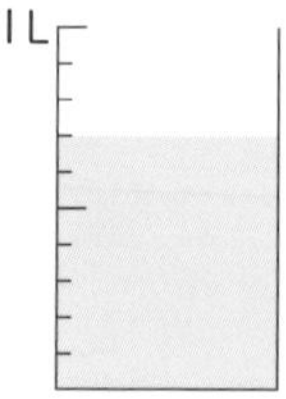 1L (　　　　)

⑦ 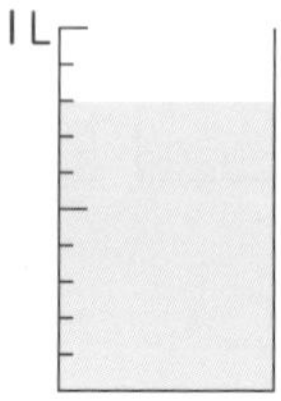 1L (　　　　)

⑧ 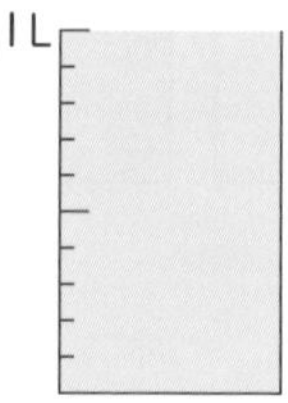 1L (　　　　)

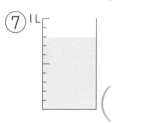

2 水の　かさは　なんmLですか。　〔1もん　10てん〕

①
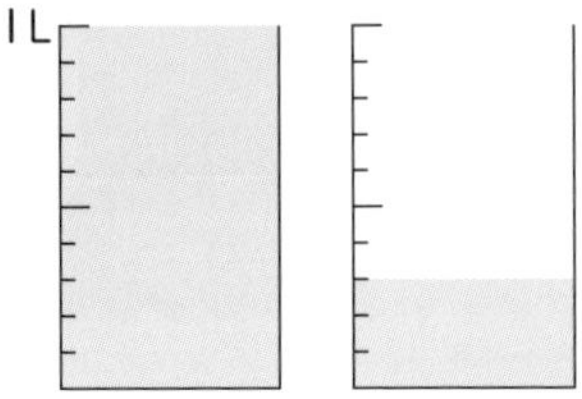
1L

（ 1300mL ）

②
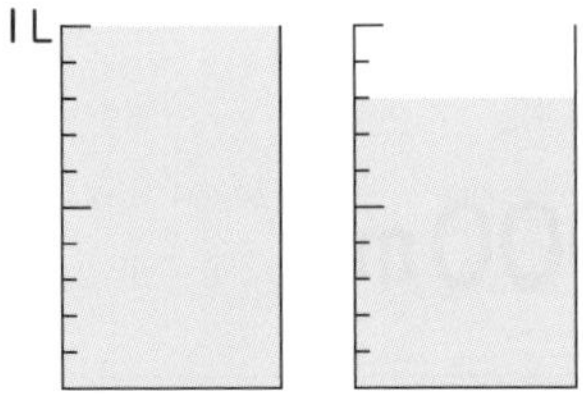
1L

（　　　　　）

③
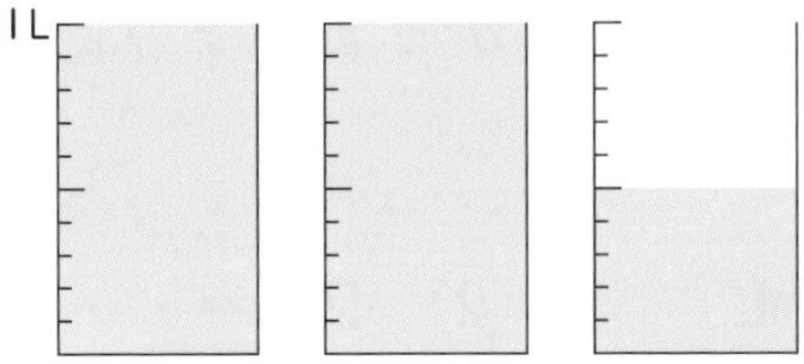
1L

（　　　　　）

④
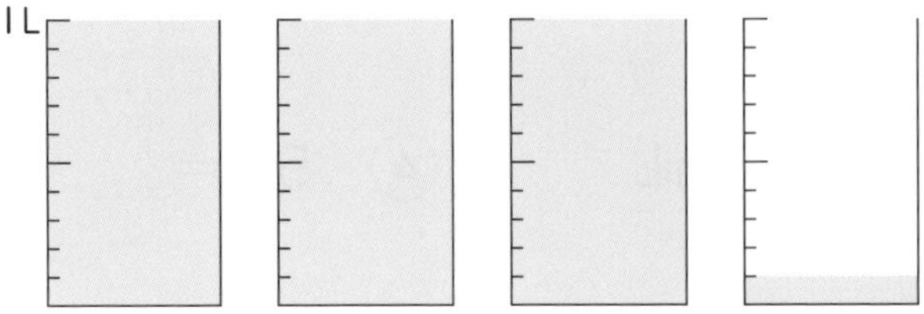
1L

（　　　　　）

⑤
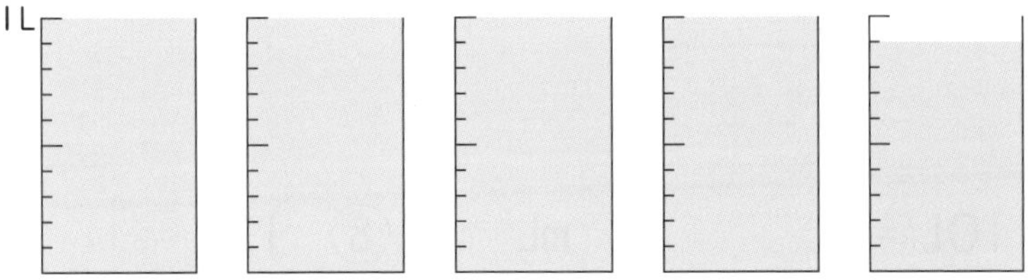
1L

（　　　　　）

⑥
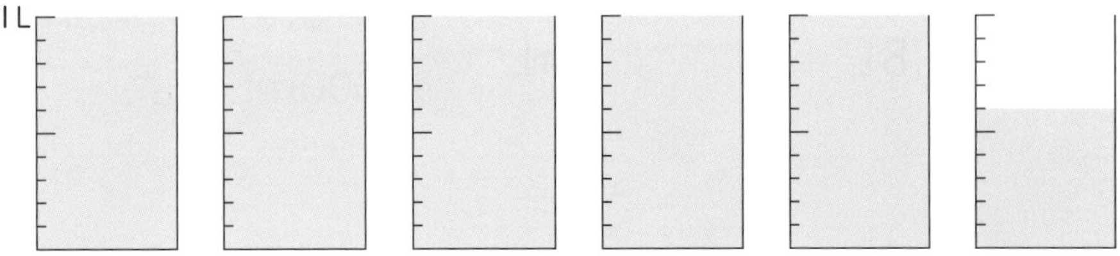
1L

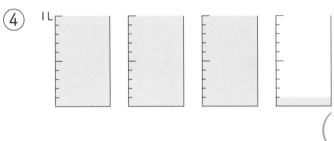

（　　　　　）

40 かさ(たいせき)⑪ Lと　mL①

とくてん　　てん

答え➡別冊10ページ

れい

1L ＝ 1000mL

10L ＝ 10000mL

1 □に　あてはまる　かずを　かきましょう。

〔1もん　10てん〕

① 1L ＝ □ mL　　② 2L ＝ □ mL

③ 4L ＝ □ mL　　④ 5L ＝ □ mL

⑤ 7L ＝ □ mL　　⑥ 9L ＝ □ mL

⑦ 10L ＝ □ mL　　⑧ 12L ＝ □ mL

⑨ 8L ＝ □ mL

⑩ 18L ＝ □ mL

1Lます　1つぶんが
1000mL だよ。

41

かさ(たいせき)⑫

Lと　mL②

とくてん

てん

答え➡別冊10ページ

れい

$$1000\text{mL} = 1\text{L}$$

$$10000\text{mL} = 10\text{L}$$

1 □に　あてはまる　かずを　かきましょう。〔1もん　10てん〕

① 1000mL = □ L

② 2000mL = □ L

③ 3000mL = □ L

④ 6000mL = □ L

⑤ 8000mL = □ L

⑥ 10000mL = □ L

⑦ 11000mL = □ L

⑧ 14000mL = □ L

⑨ 9000mL = □ L

⑩ 19000mL = □ L

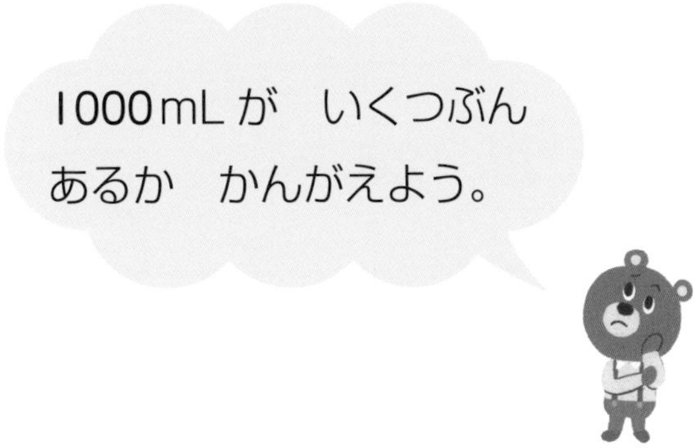
1000mLが　いくつぶん
あるか　かんがえよう。

42

かさ（たいせき）⑬

dLと　mL①

とくてん

てん

答え➡別冊10ページ

おぼえよう

1 dL ＝ 100mL

10dL ＝ 1000mL

1 □に　あてはまる　かずを　かきましょう。〔1もん　5てん〕

① 1 dL ＝ □ mL　② 2 dL ＝ □ mL

③ 3 dL ＝ □ mL　④ 5 dL ＝ □ mL

⑤ 8 dL ＝ □ mL　⑥ 9 dL ＝ □ mL

⑦ 10dL ＝ □ mL　⑧ 11dL ＝ □ mL

⑨ 12dL ＝ □ mL　⑩ 15dL ＝ □ mL

⑪ 20dL ＝ □ mL　⑫ 30dL ＝ □ mL

2

□に　あてはまる　かずを　かきましょう。〔1もん　5てん〕

① 1dLます　1つぶんの　水の　かさは，□mL

② 1dLます　4つぶんの　水の　かさは，□mL

③ 1dLます　6つぶんの　水の　かさは，□mL

④ 1dLます　7つぶんの　水の　かさは，□mL

3

なんmLか　かきましょう。〔1もん　5てん〕

① 3dL＝

② 5dL＝

③ 8dL＝

④ 9dL＝

43 dLと　mL②

とくてん
てん

答え➡別冊10ページ

おぼえよう

100mL ＝ 1dL

1000mL ＝ 10dL

1 □に　あてはまる　かずを　かきましょう。〔1もん　5てん〕

① 100mL ＝ □ dL　　② 200mL ＝ □ dL

③ 300mL ＝ □ dL　　④ 400mL ＝ □ dL

⑤ 600mL ＝ □ dL　　⑥ 700mL ＝ □ dL

⑦ 900mL ＝ □ dL　　⑧ 1000mL ＝ □ dL

⑨ 1200mL ＝ □ dL　　⑩ 1800mL ＝ □ dL

⑪ 2000mL ＝ □ dL　　⑫ 2500mL ＝ □ dL

2

□に　あてはまる　かずを　かきましょう。〔1もん　5てん〕

① 100mL の　水の　かさは，1dL ます □ つぶんです。

② 500mL の　水の　かさは，1dL ます □ つぶんです。

③ 800mL の　水の　かさは，1dL ます □ つぶんです。

④ 900mL の　水の　かさは，1dL ます □ つぶんです。

3

なん dL か　かきましょう。〔1もん　5てん〕

① 400mL ＝

② 700mL ＝

③ 1000mL ＝

④ 1500mL ＝

44

かさ（たいせき）⑮

Lと dLと mL①

とくてん　　てん

答え➡別冊11ページ

れい

1L1dL ＝ 1100mL

1L3dL ＝ 1300mL

1 □に あてはまる かずを かきましょう。〔1もん 4てん〕

① 1L1dL＝□mL　② 1L2dL＝□mL

③ 1L5dL＝□mL　④ 1L8dL＝□mL

⑤ 2L1dL＝□mL　⑥ 2L2dL＝□mL

⑦ 2L9dL＝□mL　⑧ 3L3dL＝□mL

⑨ 3L8dL＝□mL　⑩ 4L7dL＝□mL

⑪ 5L4dL＝□mL　⑫ 6L5dL＝□mL

2 □に あてはまる かずを かきましょう。〔1もん 12てん〕

① 1Lます 1つぶんと 1dLます 3つぶんの

水の かさは，□L□dLで，これは □mL

と おなじです。

② 1Lます 1つぶんと 1dLます 7つぶんの

水の かさは，□L□dLで，これは □mL

と おなじです。

③ 1Lます 2つぶんと 1dLます 4つぶんの

水の かさは，□L□dLで，これは □mL

と おなじです。

3 なんmLか かきましょう。〔1もん 4てん〕

① 1L4dL＝

② 1L9dL＝

③ 2L5dL＝

④ 3L6dL＝

45 かさ(たいせき)⑯
Lと dLと mL②

とくてん　　　てん

答え➡別冊11ページ

れい

1100mL ＝ 1L1dL

1300mL ＝ 1L3dL

1 □に あてはまる かずを かきましょう。〔1もん 6てん〕

① 1100mL ＝ □L □dL

② 1200mL ＝ □L □dL

③ 1600mL ＝ □L □dL

④ 1900mL ＝ □L □dL

⑤ 2400mL ＝ □L □dL

⑥ 2800mL ＝ □L □dL

2 □に　あてはまる　かずを　かきましょう。〔1もん　8てん〕

① 1200mLは，１Lます □ つぶんと，１dLます □ つぶんの　水の　かさです。

② 1800mLは，１Lます □ つぶんと，１dLます □ つぶんの　水の　かさです。

③ 2300mLは，１Lます □ つぶんと，１dLます □ つぶんの　水の　かさです。

④ 3400mLは，１Lます □ つぶんと，１dLます □ つぶんの　水の　かさです。

3 なんLなんdLか　かきましょう。〔1もん　8てん〕

① 1400mL＝

② 1700mL＝

③ 2500mL＝

④ 3100mL＝

46 かさ(たいせき)⑰ まとめ

とくてん　　てん

答え➡別冊11ページ

1 □に　あてはまる　かずを　かきましょう。〔1もん　2てん〕

① 1L＝□dL　② 5L＝□dL

③ 7L＝□dL　④ 13L＝□dL

⑤ 15L＝□dL　⑥ 20dL＝□L

⑦ 40dL＝□L　⑧ 90dL＝□L

⑨ 100dL＝□L　⑩ 180dL＝□L

2 □に　あてはまる　かずを　かきましょう。〔1もん　2てん〕

① 14dL＝□L□dL　② 16dL＝□L□dL

③ 22dL＝□L□dL　④ 35dL＝□L□dL

⑤ 48dL＝□L□dL　⑥ 1L2dL＝□dL

⑦ 1L9dL＝□dL　⑧ 2L5dL＝□dL

⑨ 3L2dL＝□dL　⑩ 4L8dL＝□dL

3

□に　あてはまる　かずを　かきましょう。〔1もん　2てん〕

① 3L ＝ □ mL　② 8L ＝ □ mL

③ 12L ＝ □ mL　④ 4000mL ＝ □ L

⑤ 7000mL ＝ □ L　⑥ 15000mL ＝ □ L

4

□に　あてはまる　かずを　かきましょう。〔1もん　2てん〕

① 4dL ＝ □ mL　② 6dL ＝ □ mL

③ 13dL ＝ □ mL　④ 500mL ＝ □ dL

⑤ 800mL ＝ □ dL　⑥ 17000mL ＝ □ L

5

□に　あてはまる　かずを　かきましょう。〔1もん　6てん〕

① 1L3dL ＝ □ mL　② 1L9dL ＝ □ mL

③ 2L4dL ＝ □ mL

④ 1200mL ＝ □ L □ dL

⑤ 1800mL ＝ □ L □ dL

⑥ 2700mL ＝ □ L □ dL

47 三角形と　四角形①
直線

とくてん　　　てん

答え➡別冊12ページ

おぼえよう

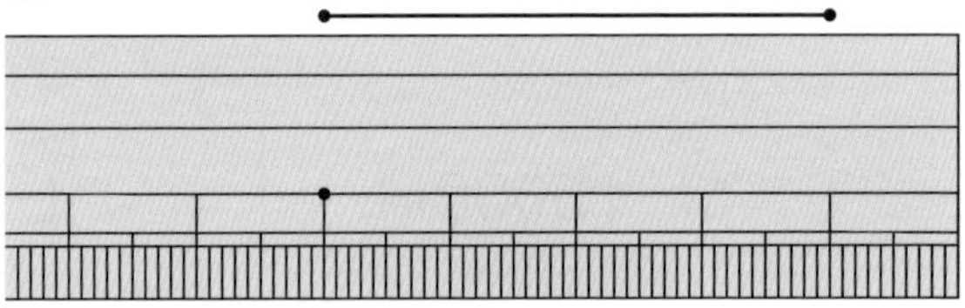

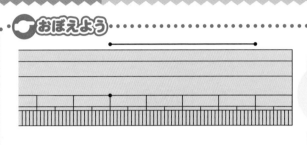

直線を　ひくときは，ものさしの，めもりが　ついてない　ほうを　つかうよ。

1　ばんごうの　じゅんに　点と　点を　直線で　むすびましょう。〔1もん　10てん〕

①

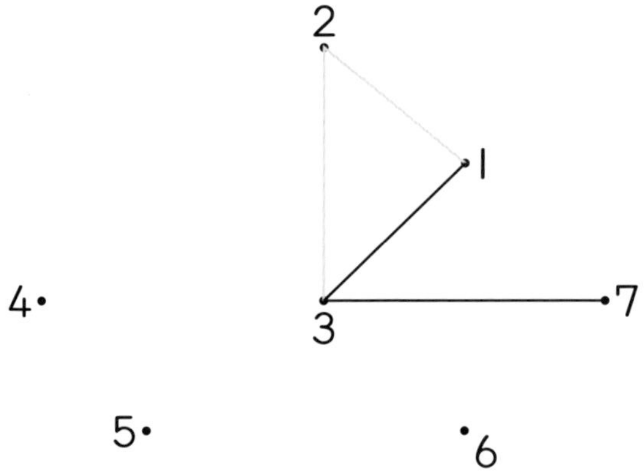

2
1
4
3
7
5
6

②

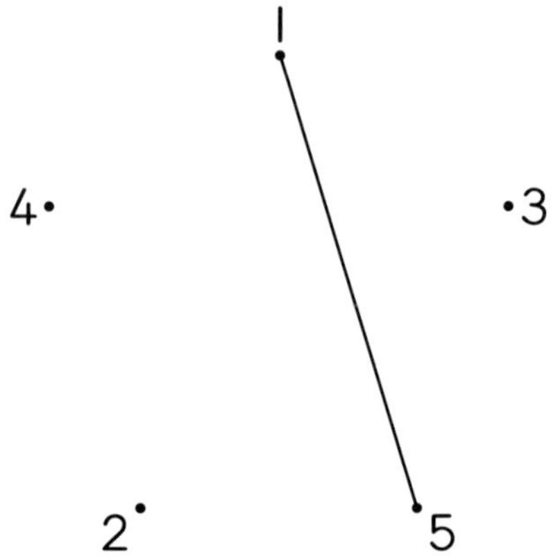

1
4
3
2
5

2 点と 点を むすんで，どうぶつを 1ぴきずつ 直線で かこみます。1つの 点は 1かいだけ つかい，直線の かずを なるべく すくなく して かこみましょう。

〔1つ 20てん〕

48 三角形と　四角形②

三角形

とくてん　　てん

答え➡別冊12ページ

おぼえよう

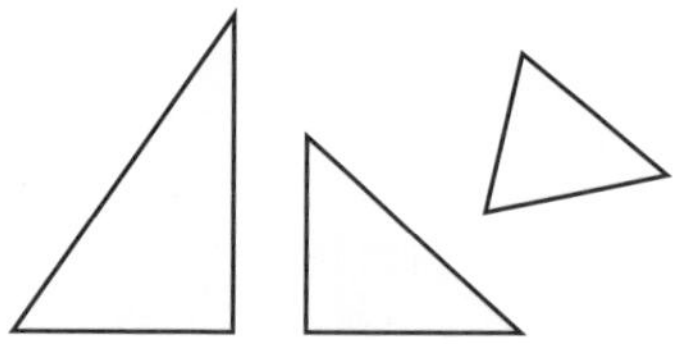

３本の　直線で　かこまれた
かたちを　**三角形**と　いいます。

1　下の　かたちの　中で，三角形は　どれですか。

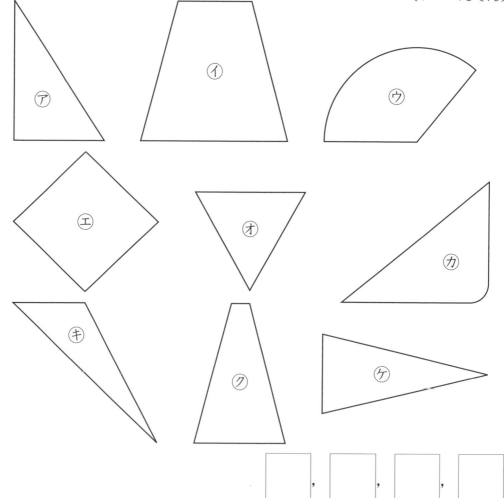

〔1つ　10てん〕

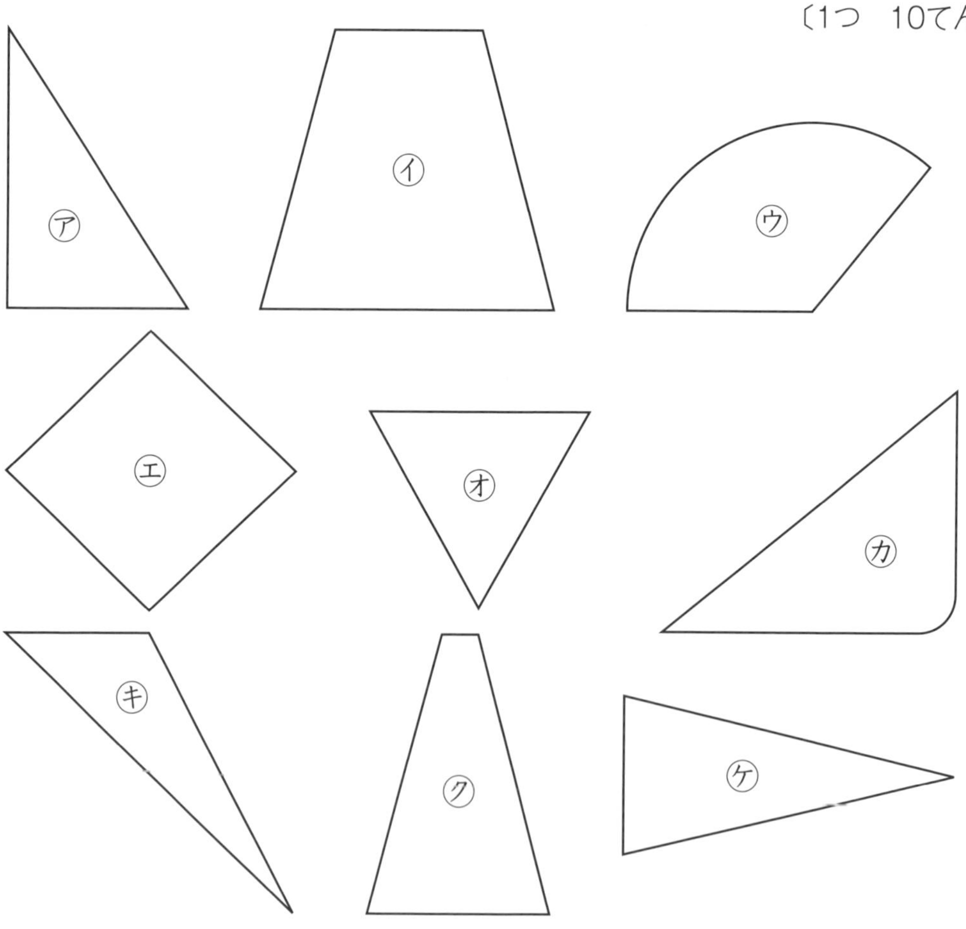
ア
イ
ウ
エ
オ
カ
キ
ク
ケ

□，□，□，□

2

下の　かみを　┄┄の　ところで　きると，三角形は　いくつ　できますか。

〔1もん　10てん〕

①

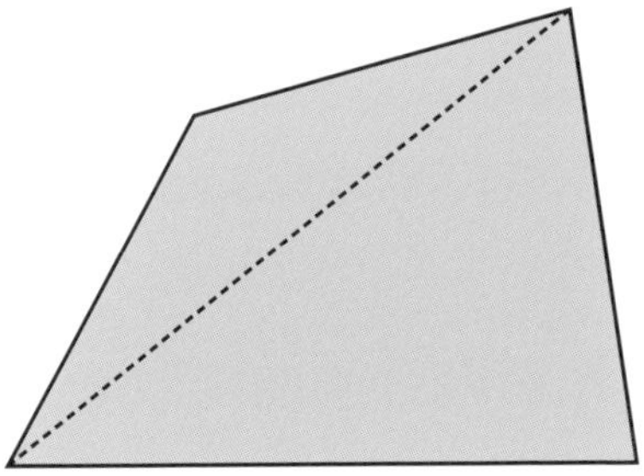

（　　　）

②

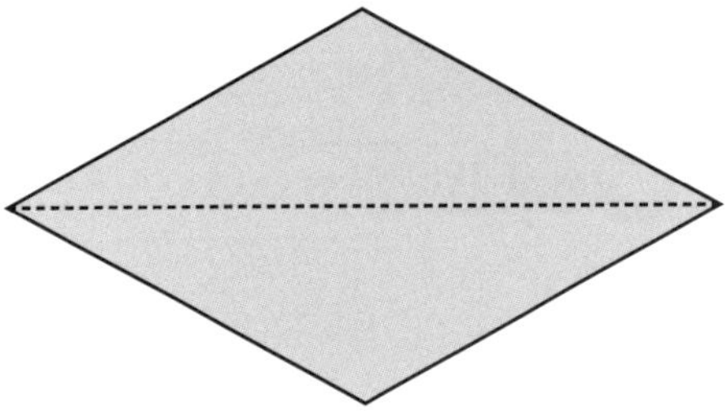

（　　　）

③

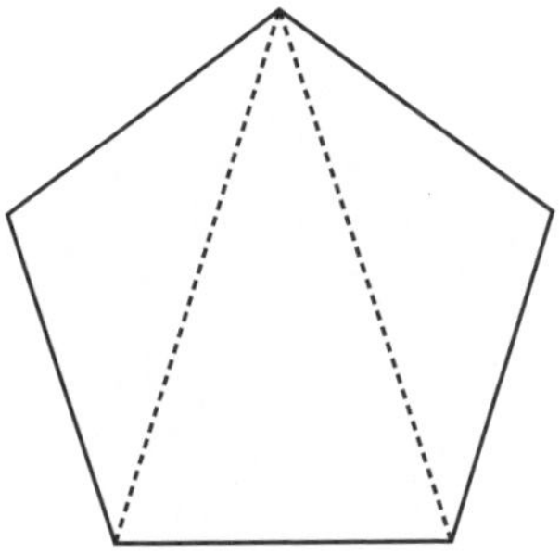

（　　　）

④

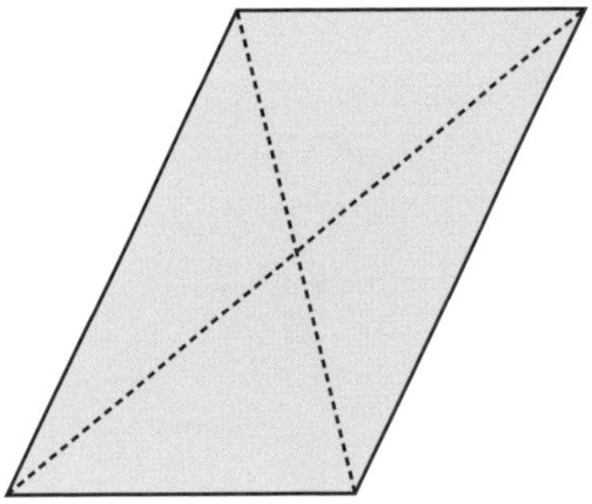

（　　　）

3

下の　もようの　中に　三角形は　いくつ　ありますか。

〔20てん〕

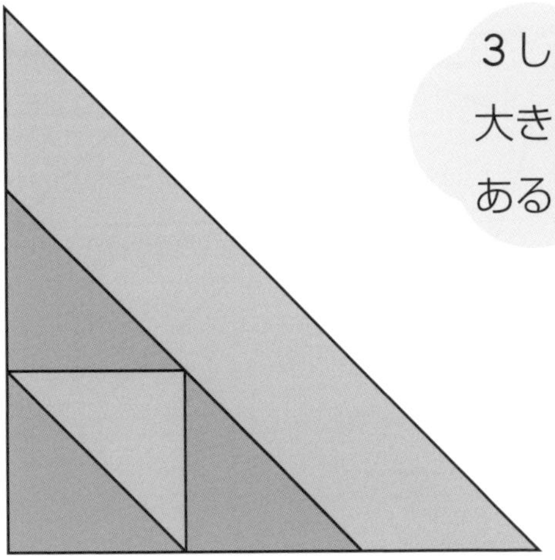

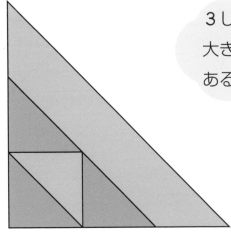

3しゅるいの
大きさの，三角形が
あるよ。

（　　　）

49 三角形と　四角形③
四角形

とくてん

てん

答え➡別冊12ページ

おぼえよう

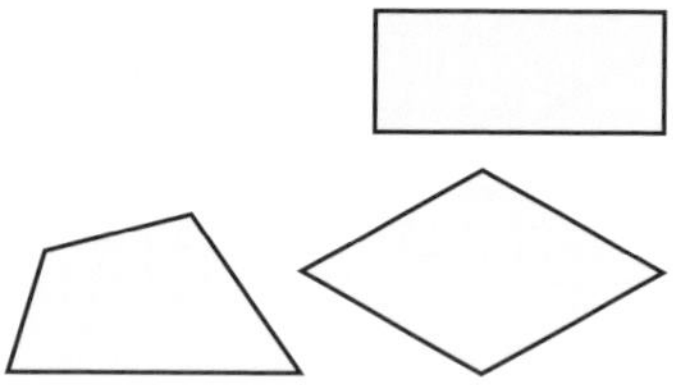

4本の　直線で　かこまれた
かたちを　**四角形**と　いいます。

1　下の　かたちの　中で，四角形は　どれですか。

〔1つ　10てん〕

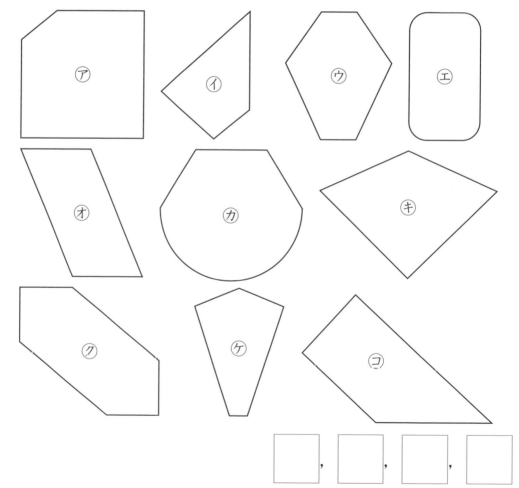

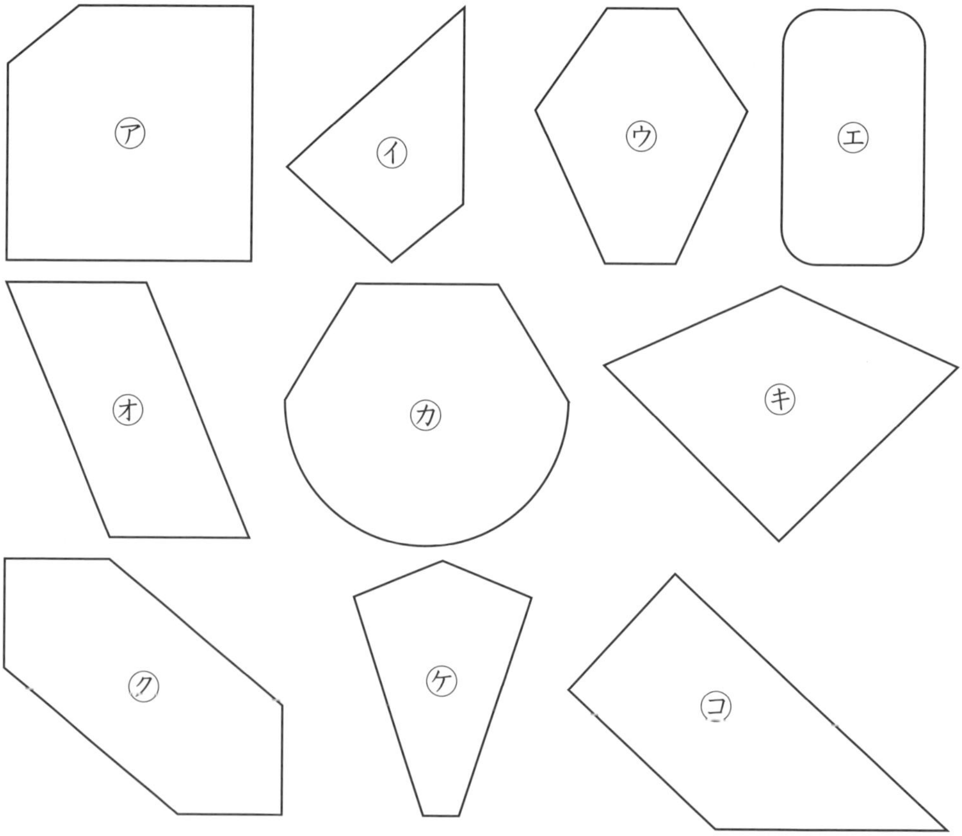
ア
イ
ウ
エ
オ
カ
キ
ク
ケ
コ

□，□，□，□

2　下の　かみを　--------の　ところで　きると，四角形は　いくつ　できますか。

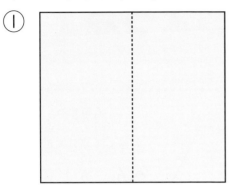

〔1もん　10てん〕

①

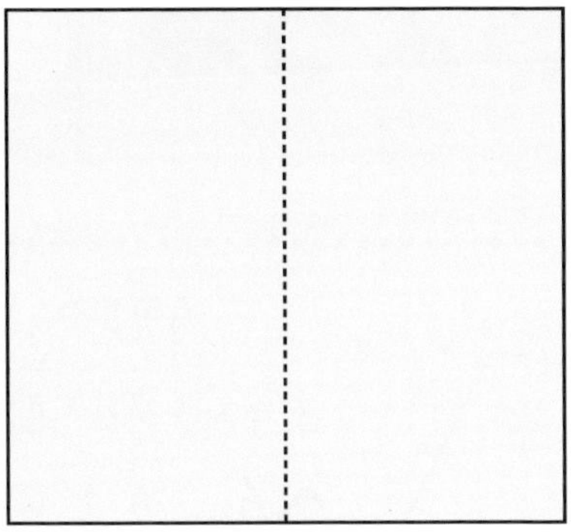

（　　　）

②

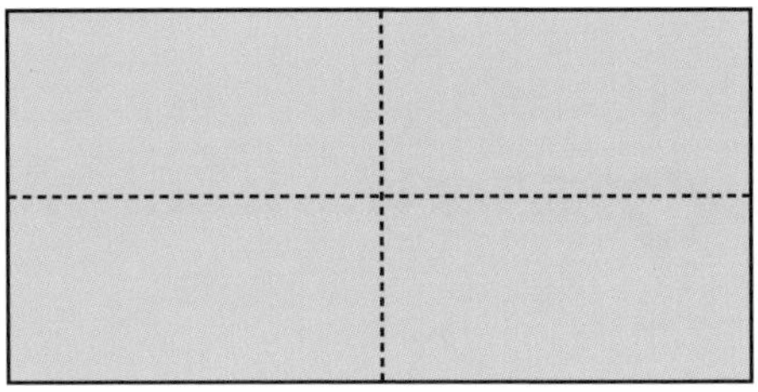

（　　　）

③

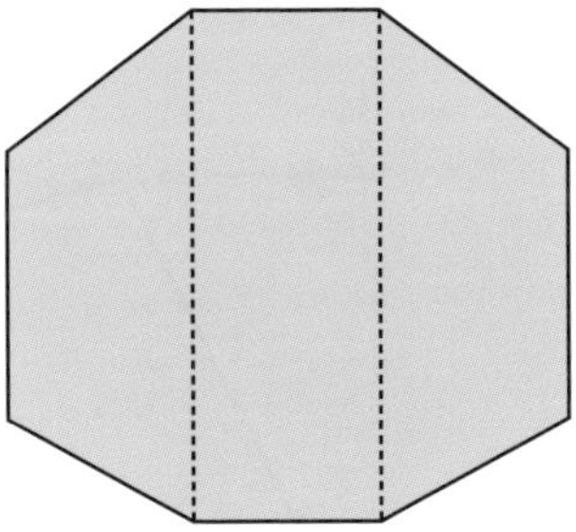

（　　　）

④

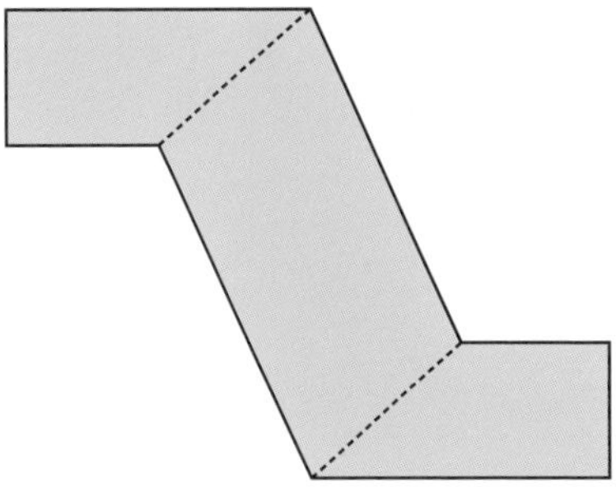

（　　　）

3　下の　もようの　中に　四角形は　いくつ　ありますか。

〔20てん〕

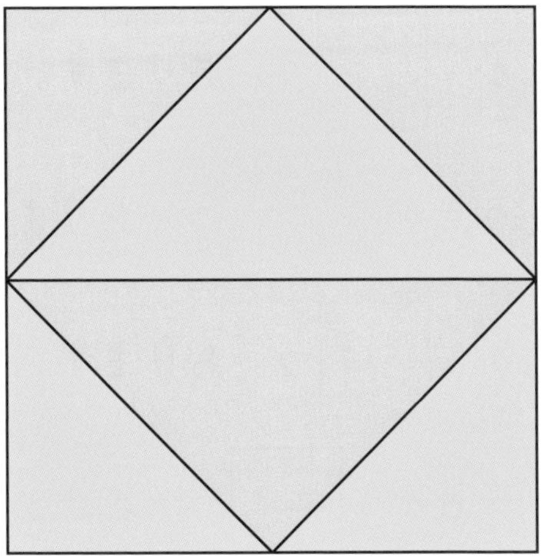

（　　　）

50 三角形と　四角形④
へんと　ちょう点

とくてん　　てん

答え➡別冊12ページ

おぼえよう

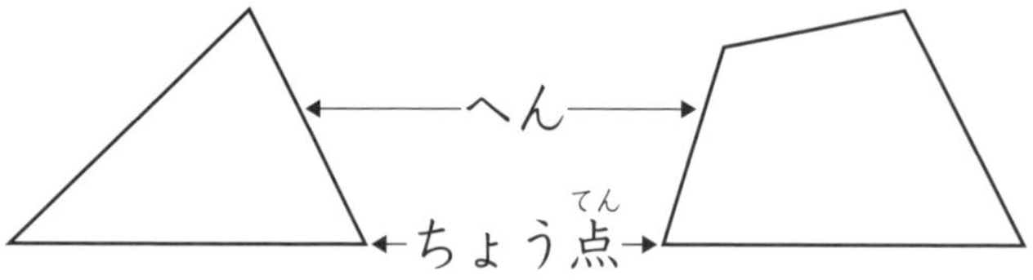

へん
ちょう点

三角形や　四角形の　まわりの　直線を　**へん**，かどの　点を　**ちょう点**と　いいます。

1 □に　あてはまる　ことばを　かきましょう。

〔1つ　10てん〕

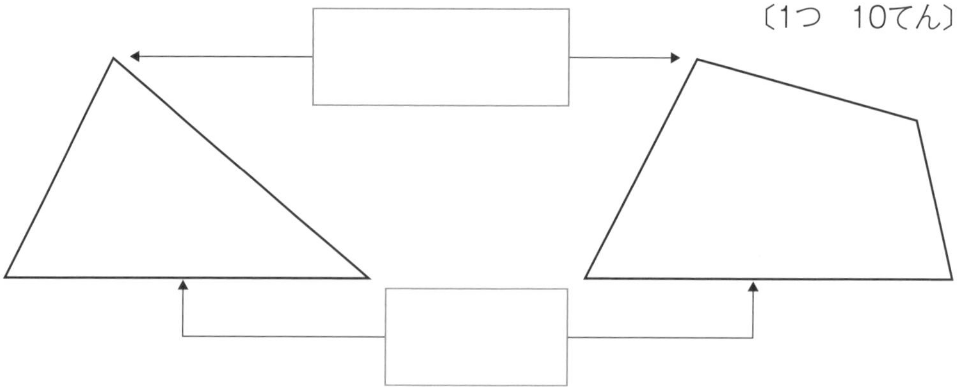

2 □に　あてはまる　かずを　かきましょう。〔1もん　10てん〕

① 三角形には，へんが □つ　あります。

② 三角形には，ちょう点が □つ　あります。

③ 四角形には，へんが □つ　あります。

④ 四角形には，ちょう点が □つ　あります。

3　下の　三角形と　四角形の　ちょう点を　○で　かこみましょう。また，へんに　◎の　しるしを　つけましょう。

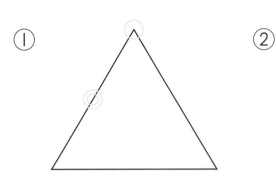

〔1もん　10てん〕

①

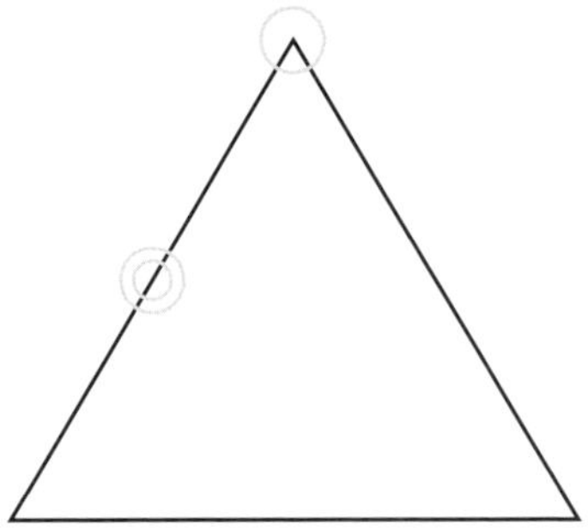

②

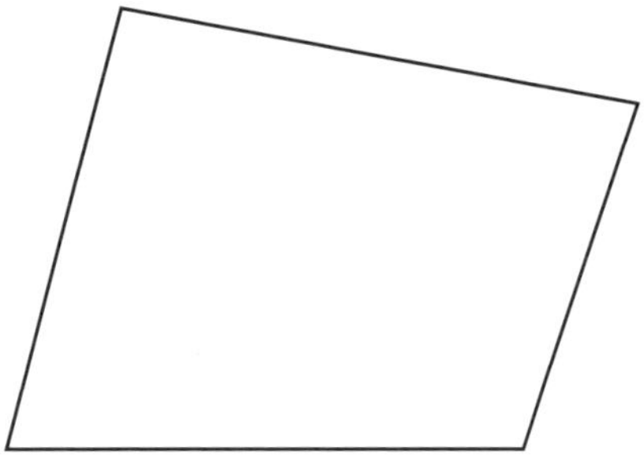

4　|つの　へんを　かきたして，三角形を　かきましょう。

〔1もん　5てん〕

①

②

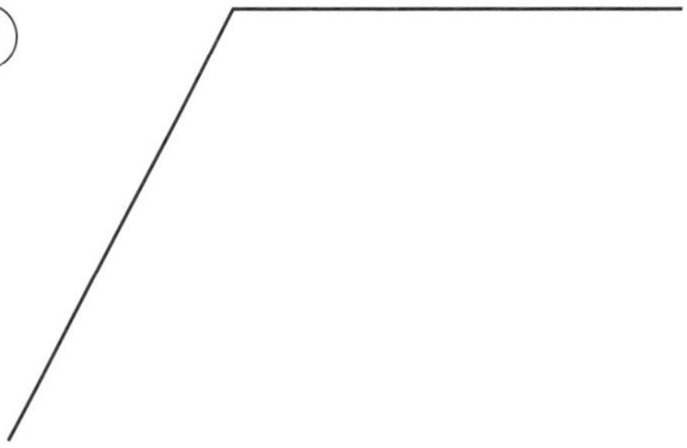

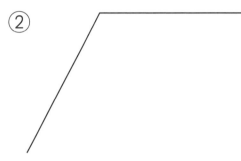

5　|つの　へんを　かきたして，四角形を　かきましょう。

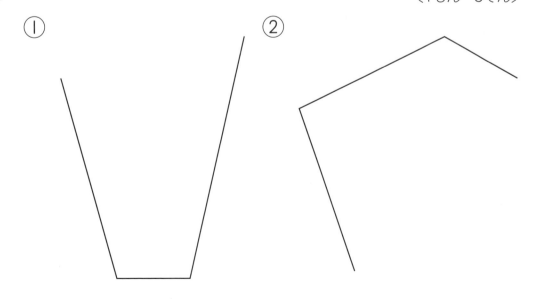

〔1もん　5てん〕

①

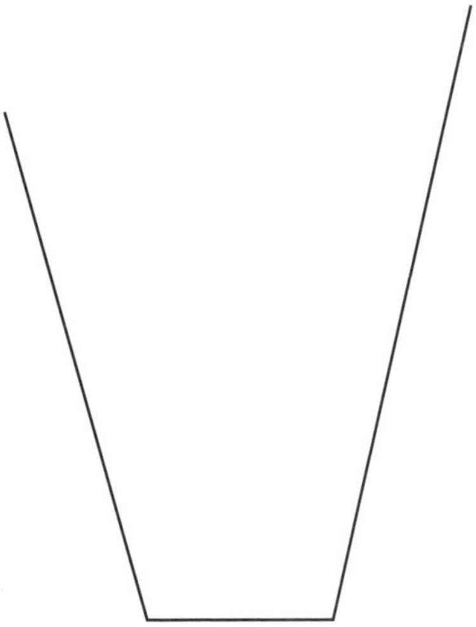

②

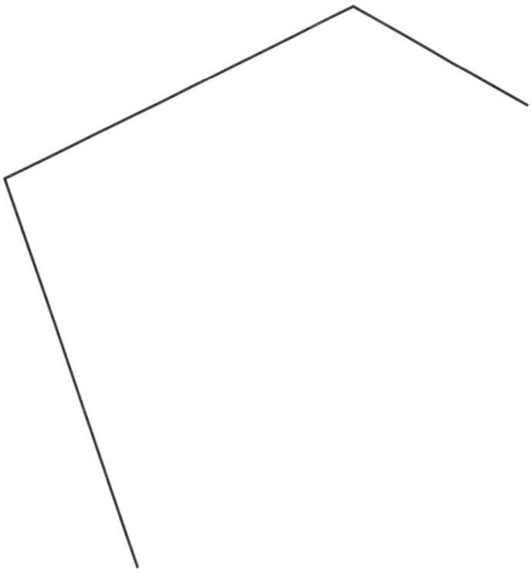

51 三角形と 四角形⑤
三角形と 四角形を かく①

とくてん
てん

答え➡別冊13ページ

れい

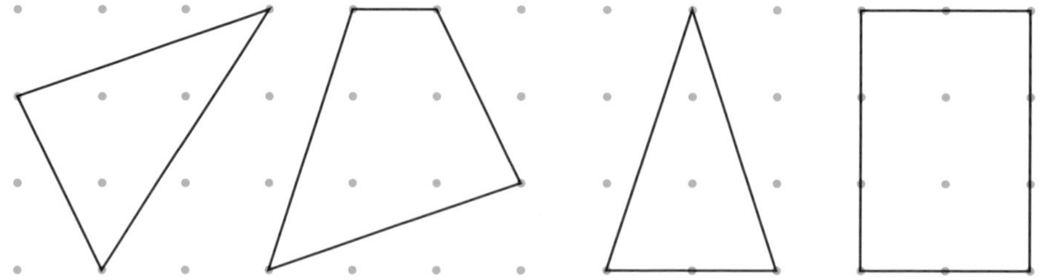

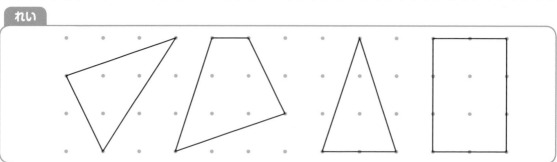

1 3つの 点を 直線で むすんで，かたちの ちがう 三角形を 2つ かきましょう。〔1つ 10てん〕

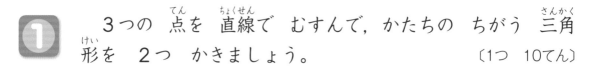

2 4つの 点を 直線で むすんで，かたちの ちがう 四角形を 2つ かきましょう。〔1つ 10てん〕

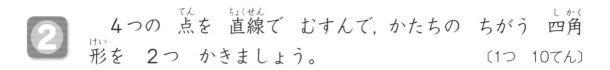

3 点と　点を　直線で　むすんで，かたちの　ちがう　三角形を　3つ　かきましょう。　〔1つ　10てん〕

4 点と　点を　直線で　むすんで，かたちの　ちがう　四角形を　3つ　かきましょう。　〔1つ　10てん〕

52 三角形と　四角形⑥ 直角

とくてん　　　てん

答え➡別冊13ページ

おぼえよう

三角じょうぎの　○の
かどの　かたちを　**直角**と
いいます。

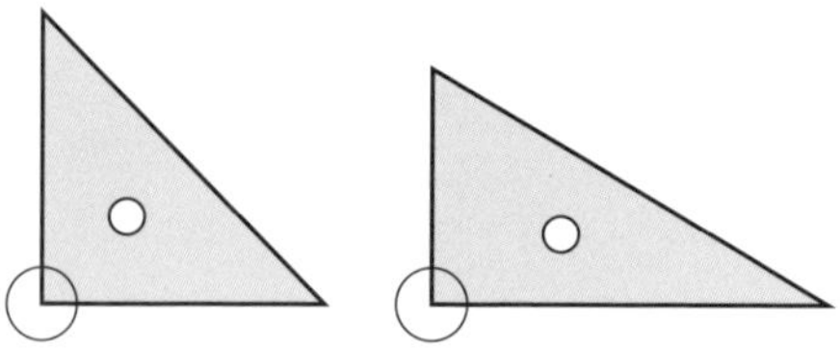

1 下の　ずで，かどの　かたちが　直角に　なって　いるのは　どちらですか。〔10てん〕

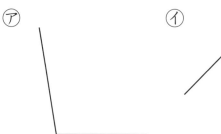

㋐　㋑

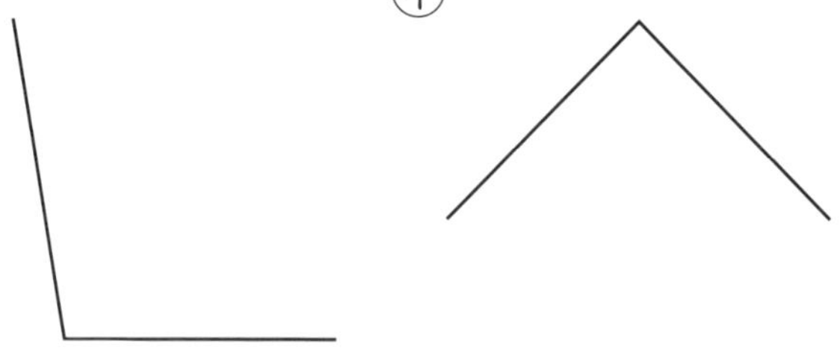

三角じょうぎを
あてて
しらべよう。

（　　　）

2 三角じょうぎで，かどの　かたちが　直角に　なって　いるのは　どれですか。〔1もん　10てん〕

①

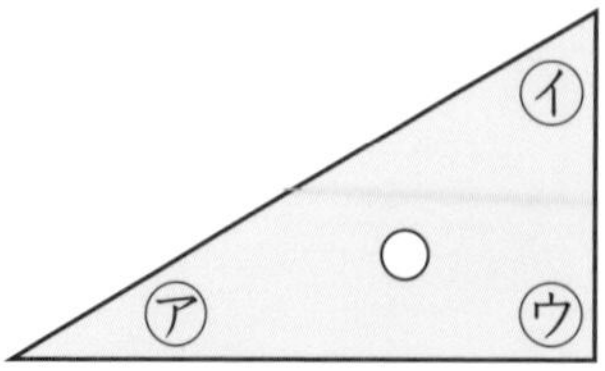
㋐
㋑
㋒

②

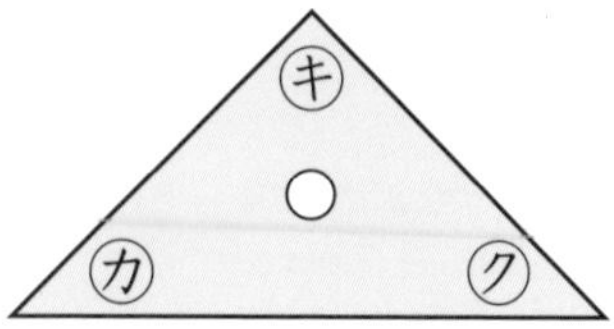
㋖
㋕
㋗

（　　　）　（　　　）

3 直角の　かどが　ある　三角形は　どれですか。

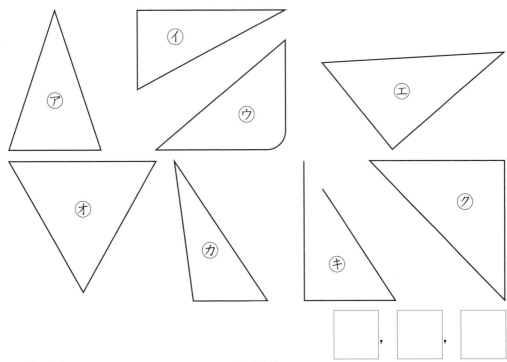

〔1つ　10てん〕

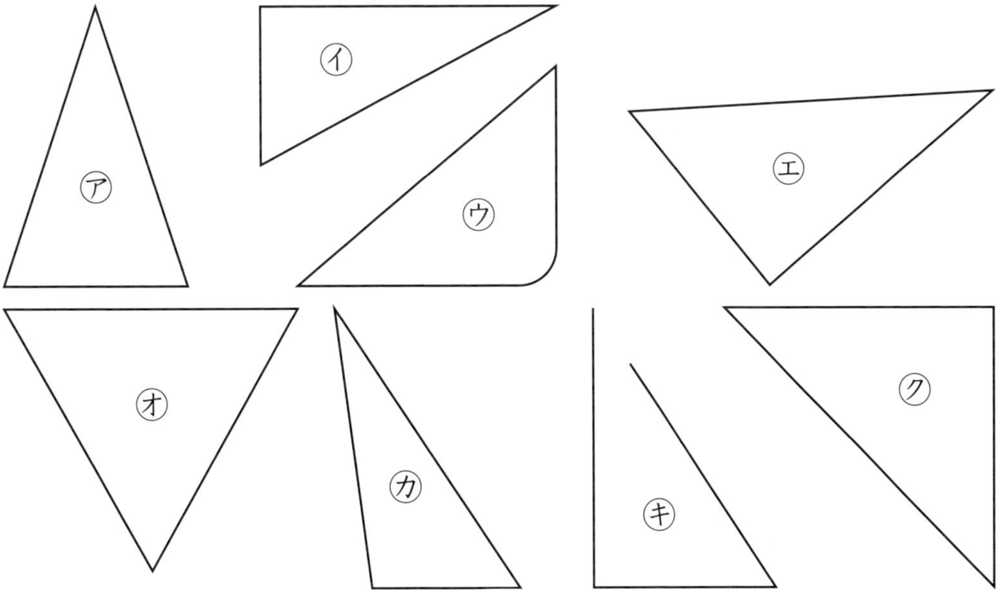
ア
イ
ウ
エ
オ
カ
キ
ク

□，□，□

4 直角の　かどが　ある　四角形は　どれですか。

〔1つ　10てん〕

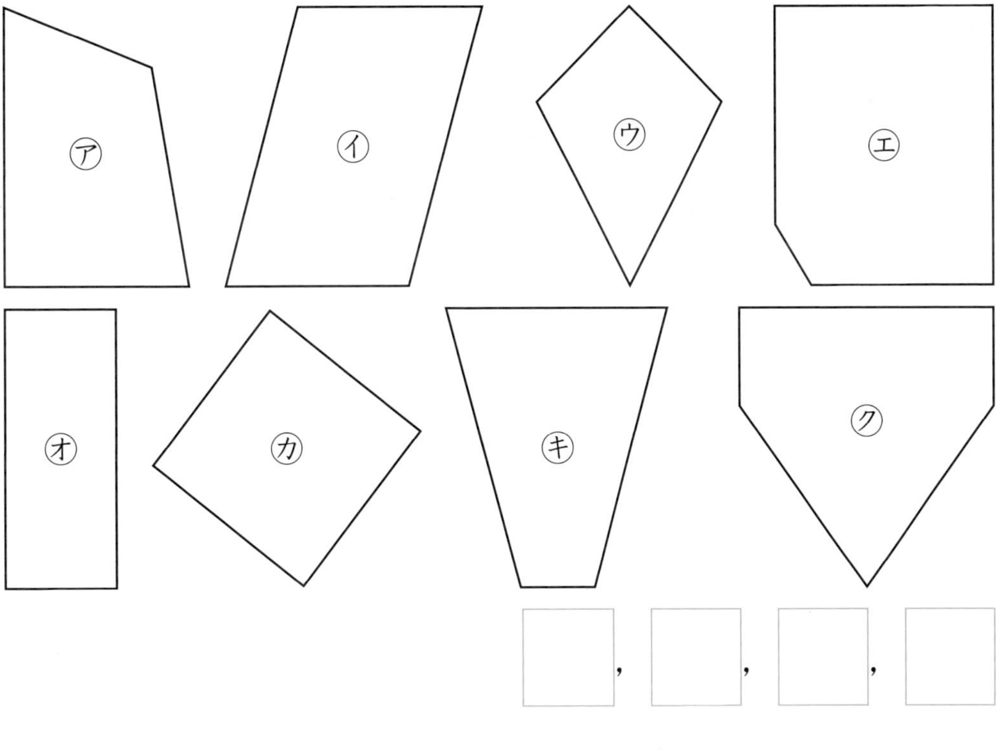
ア
イ
ウ
エ
オ
カ
キ
ク

□，□，□，□

53 三角形と　四角形⑦
長方形

とくてん
てん

答え➡別冊13ページ

おぼえよう

4つの　かどが　みんな　直角に
なっている　四角形を
長方形と　いいます。

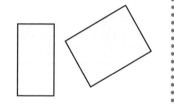

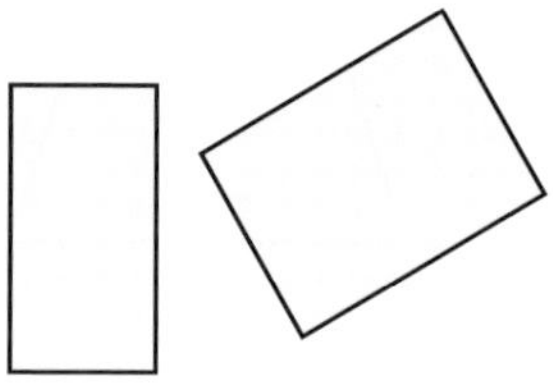

1 □に　あてはまる　ことばや　かずを　かきましょう。

〔1もん　10てん〕

① 4つの　かどが　みんな　直角に　なって　いる　四角形を □ と　いいます。

② 長方形の □ つの　かどは，みんな　直角に　なって　います。

☆③ 長方形では，むかいあって　いる □ の　ながさは　おなじに　なって　います。

④ 長方形の　4つの　かどは，みんな □ に　なって　います。

2 下の　かたちの　中で　長方形は　どれですか。

〔1つ　10てん〕

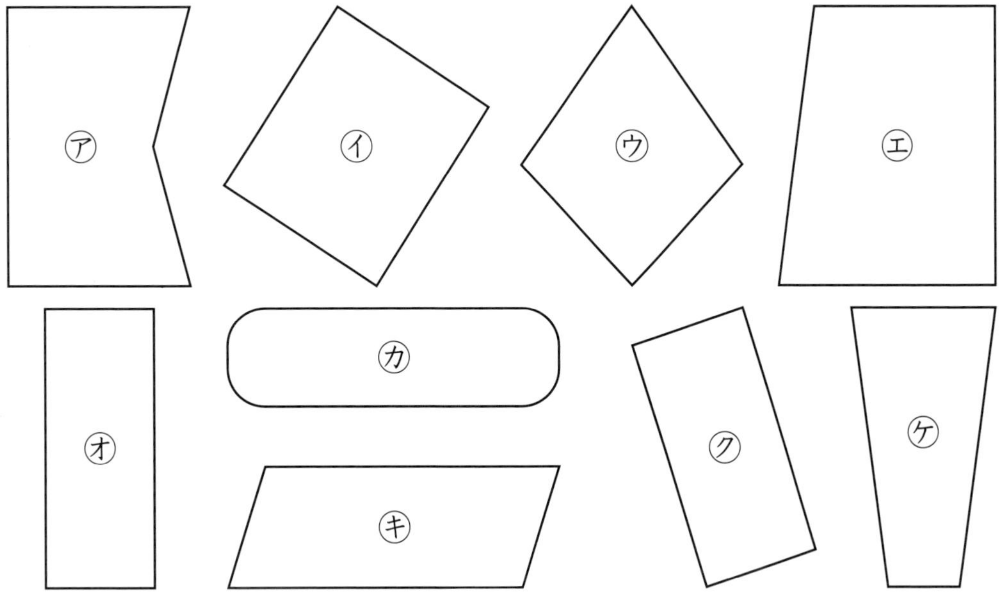
ア
イ
ウ
エ
オ
カ
キ
ク
ケ

（　　）,（　　）,（　　）

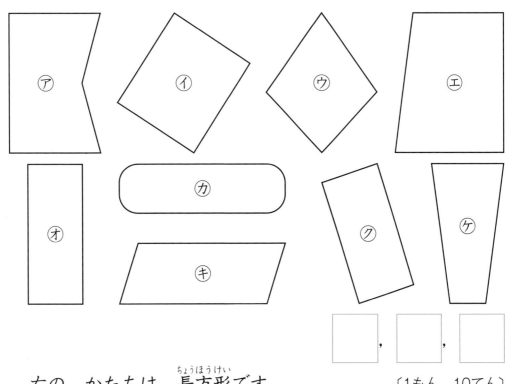

3 右の　かたちは　長方形です。　〔1もん　10てん〕

① ㋐の　へんの　ながさ　は　なん cm ですか。

（　　　　）

② ㋑の　へんの　ながさ　は　なん cm ですか。

（　　　　）

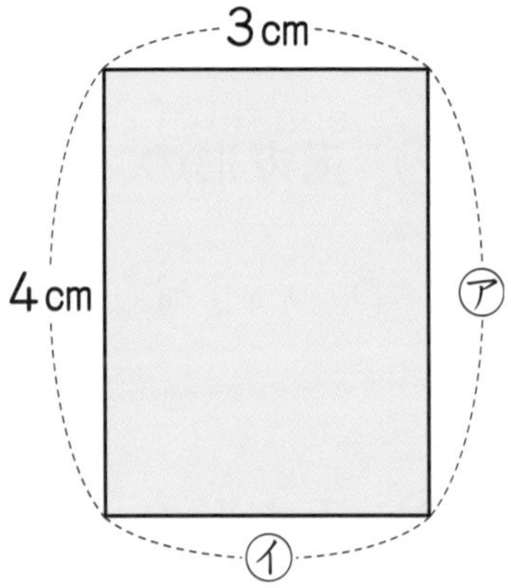
3cm
4cm
ア
イ

☆③ この　長方形の　まわりの　ながさは　なん cm ですか。

（　　　　）

54 三角形と 四角形⑧
正方形

とくてん　　てん

答え➡別冊14ページ

おぼえよう

4つの　かどが　みんな　直角で，
4つの　へんの　ながさが　みんな
おなじに　なって　いる　四角形を
正方形と　いいます。

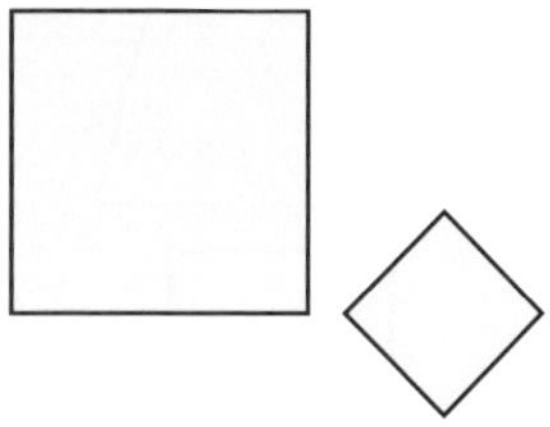

1 □に　あてはまる　ことばや　かずを　かきましょう。

〔1もん　10てん〕

① 4つの　かどが　みんな　直角で，4つの　へんの　ながさが　みんな　おなじに　なって　いる　四角形を　□と　いいます。

② 正方形の　□つの　かどは　みんな　直角に　なって　います。

☆③ 正方形の　4つの　□の　ながさは　みんな　おなじに　なって　います。

④ 正方形の　4つの　かどは，みんな　□に　なって　います。

2

下の　かたちの　中で　正方形（せいほうけい）は　どれですか。

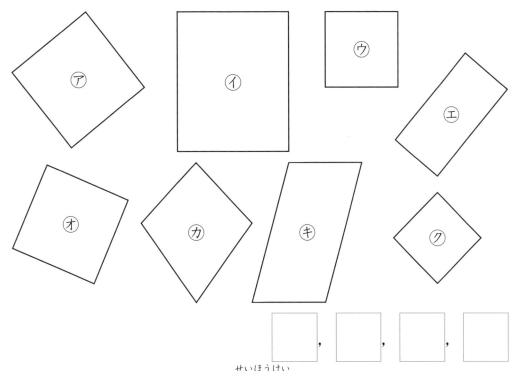

〔1つ　10てん〕

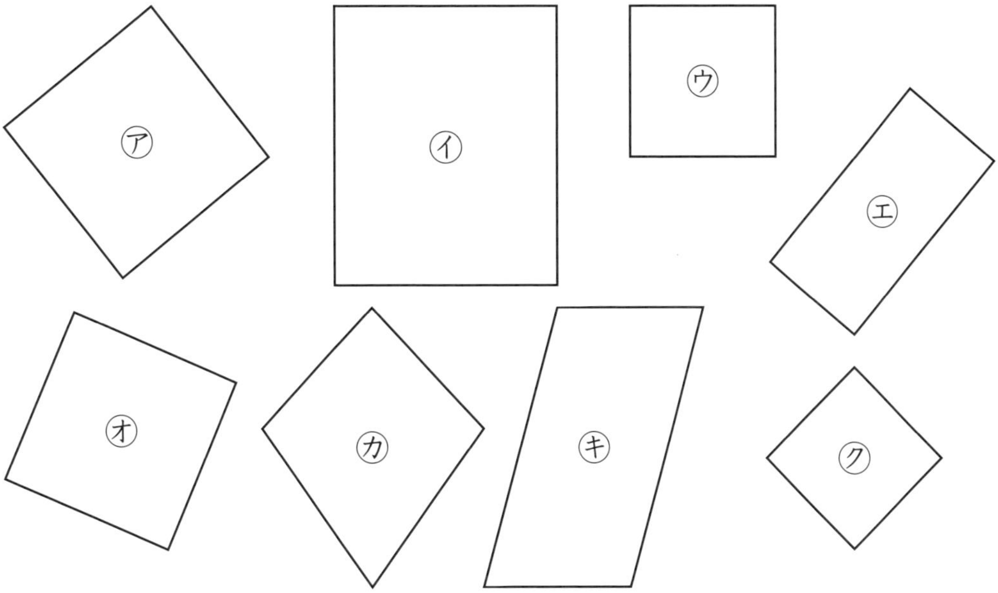
ア
イ
ウ
エ
オ
カ
キ
ク

□，□，□，□

☆3

下の　もようの　中に　正方形（せいほうけい）は　いくつ　ありますか。

〔20てん〕

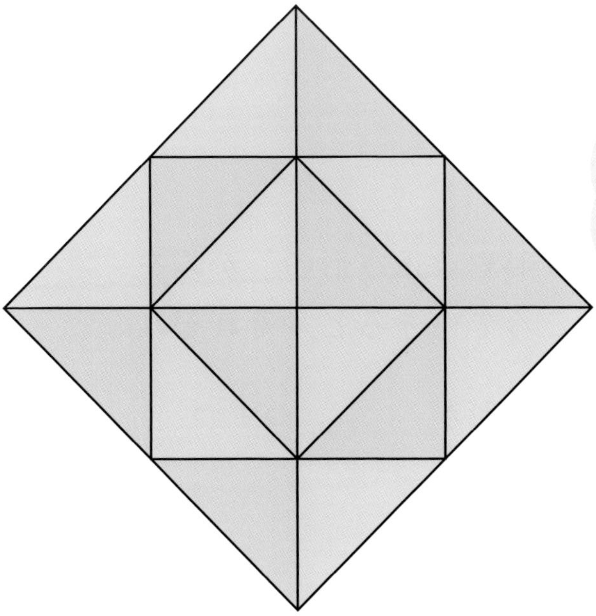

4しゅるいの
大きさの
正方形（せいほうけい）が　あるよ。

（　　　　）

55 三角形と　四角形⑨
直角三角形

とくてん　　　　てん

答え➡別冊14ページ

おぼえよう

１つの　かどが　直角に　なって　いる　三角形を　**直角三角形**と　いいます。

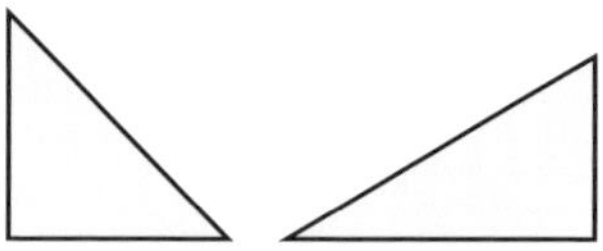

1　□に　あてはまる　ことばや　かずを　かきましょう。

〔1もん　10てん〕

① １つの　かどが　直角に　なって　いる　三角形を　［　　　　］三角形と　いいます。

② 三角じょうぎは，１つの　かどが　直角に　なって　いるので，［　　　　］三角形です。

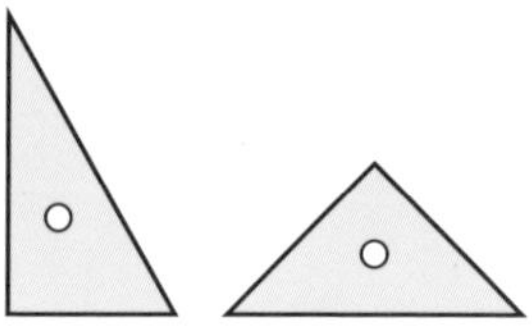

③ 右の　長方形や　正方形の　かみを　----------の　ところで　きると，それぞれ　［　　　　］三角形が　［　　］つずつ　できます。

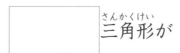

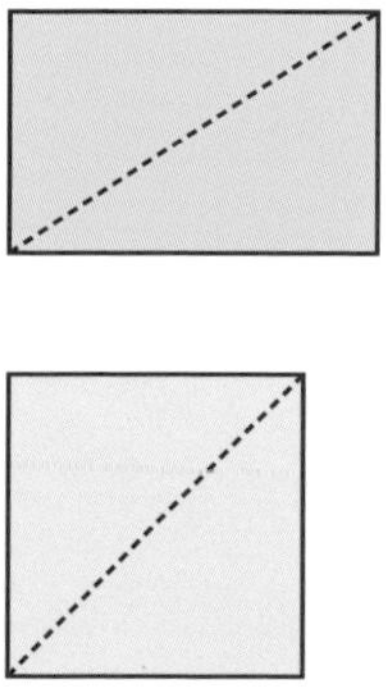

2 直角三角形は　どれですか。　〔1つ　10てん〕

ア
ウ
エ
イ
オ
カ
キ
ク
ケ
コ

□，□，□，□

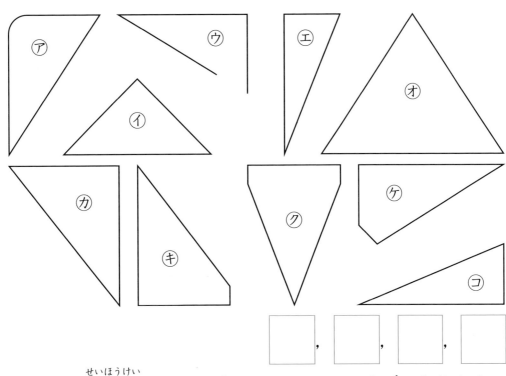

☆3 右の　正方形の　かみを　---------の　ところで　きります。

〔1もん　15てん〕

① できた　三角形は，直角三角形と　いえますか。

（　　　　）

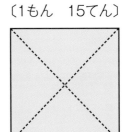

② 4つの　三角形を　ならべて　直角三角形を　つくります。どのように　ならべれば　よいか　下に　かきましょう。

三角形と　四角形を　かく②

とくてん　　てん

答え➡別冊14ページ

れい

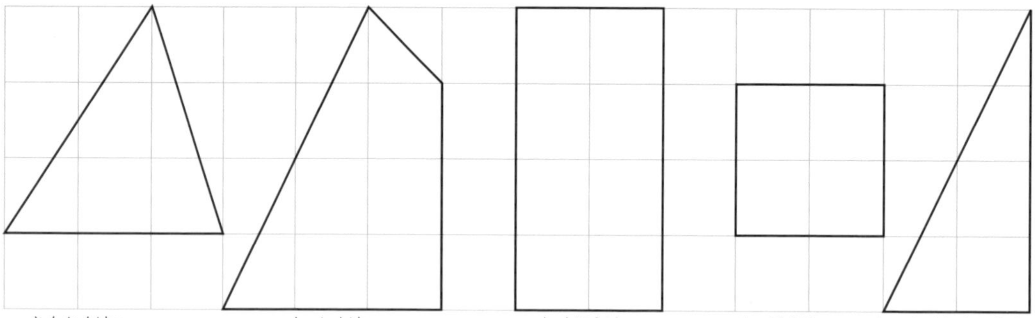

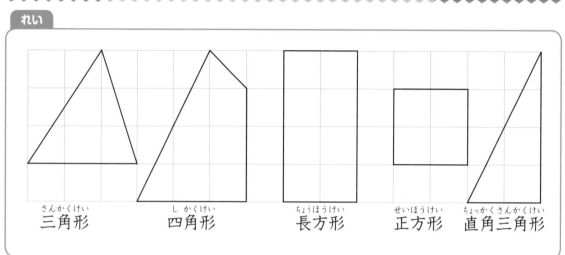

三角形　四角形　長方形　正方形　直角三角形

1　かたちの　ちがう　三角形と　四角形を　２つずつ　かきましょう。　〔1つ　10てん〕

2 かたちの　ちがう　長方形（ちょうほうけい）を　2つ　かきましょう。

〔1つ　10てん〕

3 大きさの　ちがう　正方形（せいほうけい）を　2つ　かきましょう。

〔1つ　10てん〕

4 かたちの　ちがう　直角三角形（ちょっかくさんかくけい）を　2つ　かきましょう。

〔1つ　10てん〕

57 三角形と　四角形⑪
三角形と　四角形を　かく③

とくてん
てん

答え➡別冊14ページ

れい

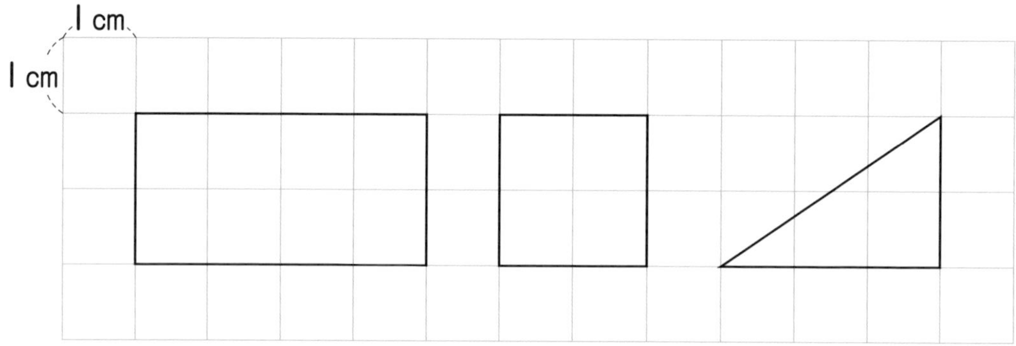

1 cm
1 cm

たて2cm，よこ4cmの　長方形

1つの　へんの　長さが　2cmの　正方形

2cmの　へんと　3cmの　へんの　あいだに　直角の　かどが　ある　直角三角形

1　たて　6cm，よこ　3cmの　長方形と，たて　4cm，よこ　7cmの　長方形を　かきましょう。〔1つ　15てん〕

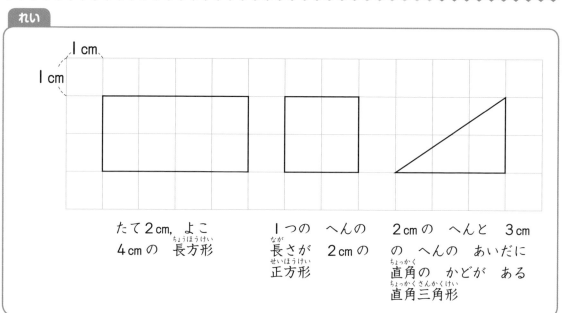

1 cm
1 cm

2 1つの　へんの　ながさが　4cmの　正方形と　7cmの　正方形を　かきましょう。〔1つ　20てん〕

1 cm
1 cm

3 8cmの　へんと　6cmの　へんの　あいだに　直角の　かどが　ある　直角三角形を　かきましょう。〔30てん〕

1 cm
1 cm

58 三角形と　四角形⑫ まとめ

とくてん　　てん

答え➡別冊15ページ

1 □に　あてはまる　ことばや　かずを　かきましょう。

〔1もん　10てん〕

① 3本の　直線で　かこまれた　かたちを　□　と　いいます。

② □の　かどが　ある　三角形を，直角三角形と　いいます。

③ □本の　直線で　かこまれた　かたちを　四角形と　いいます。

④ 4つの　かどが　みんな　□に　なって　いる　四角形を　長方形と　いいます。

⑤ 4つの　かどが　みんな　直角で，4つの　へんの　ながさが　みんな　おなじに　なって　いる　四角形を，□と　いいます。

2

つぎの　三角形（さんかくけい）や　四角形（しかくけい）の　なまえを　かきましょう。

〔1つ　10てん〕

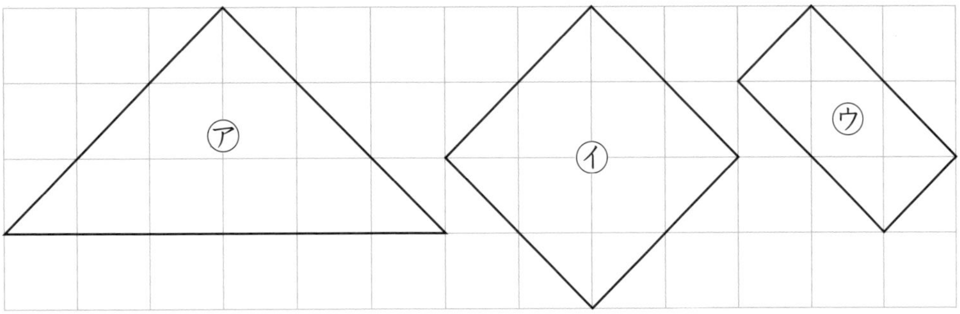

㋐
㋑
㋒

㋐（　　　　　）

㋑（　　　　　）

㋒（　　　　　）

3

たて　4cm，よこ　2cmの　長方形（ちょうほうけい）を　かきました。

〔1もん　10てん〕

① この　長方形（ちょうほうけい）の　まわりの　ながさは　なんcmですか。

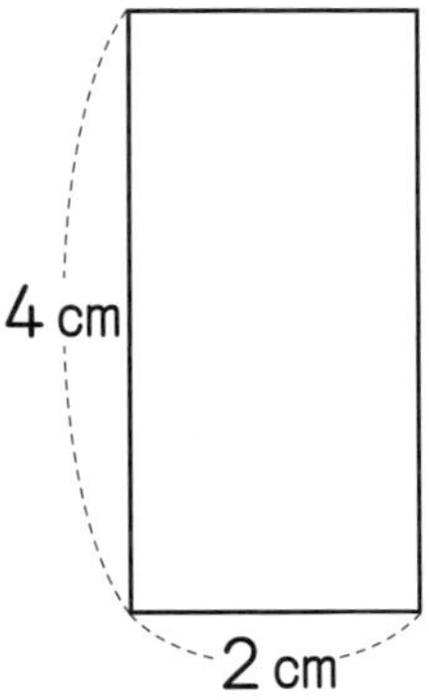

4cm
2cm

（　　　　　）

☆② この　長方形（ちょうほうけい）の　まわりの　ながさと　おなじ　まわりの　ながさの　正方形（せいほうけい）を　かんがえます。正方形（せいほうけい）の　1つの　へんの　ながさは　なんcmですか。

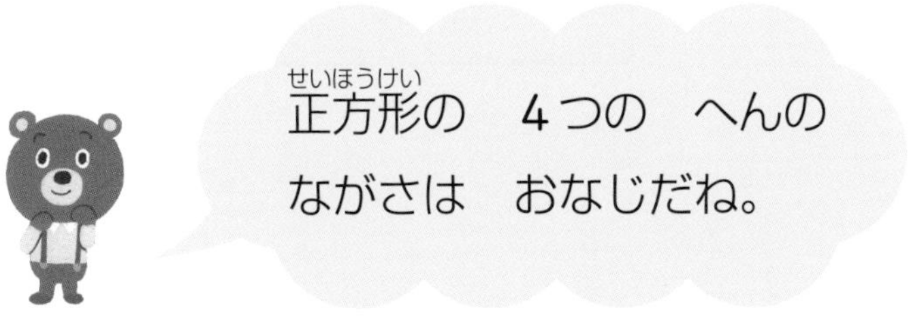

正方形（せいほうけい）の　4つの　へんの
ながさは　おなじだね。

（　　　　　）

59 はこの　かたち①
面の　かたち

とくてん
てん

答え➡別冊15ページ

おぼえよう

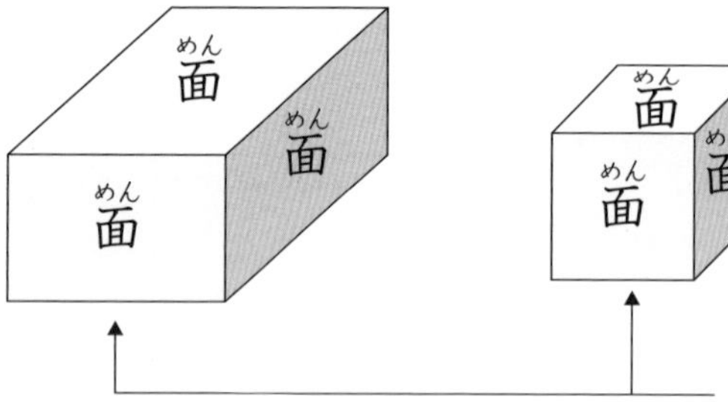
面
面
面
面
面
面

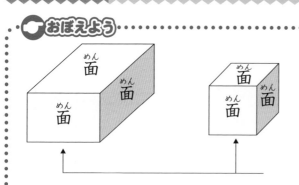

はこの　かたちの
たいらな　ところを
面と　いいます。

面の　かたちは，長方形や
正方形です。

1　下のような　はこの　面を　ぜんぶ　うつしました。面は　どんな　かたちですか。〔25てん〕

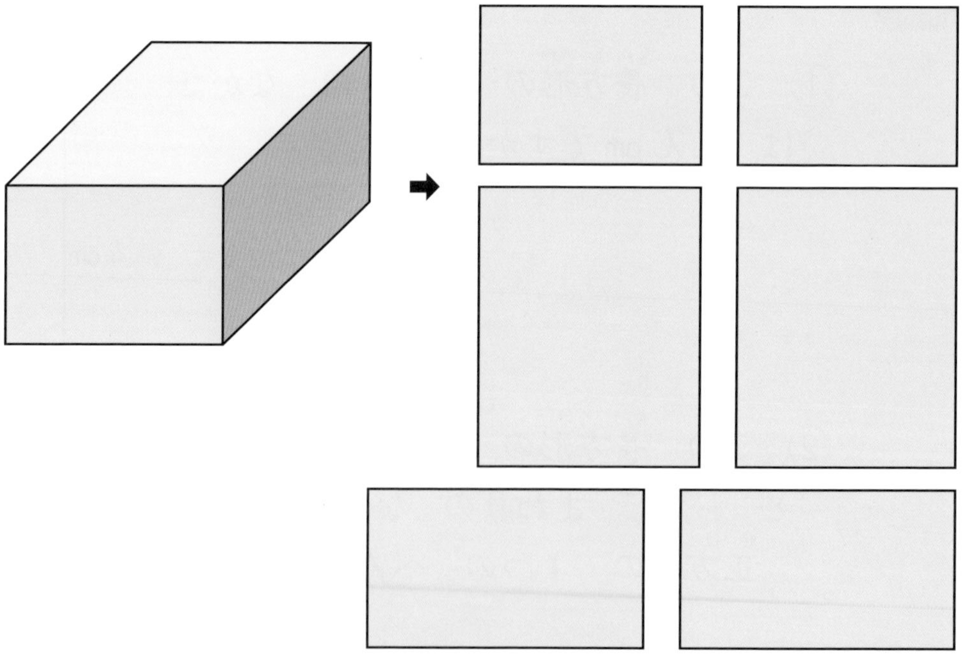

（　　　　　　　）

2 下のような　はこの　面(めん)を　ぜんぶ　うつしました。面(めん)は　どんな　かたちですか。〔1つ　25てん〕

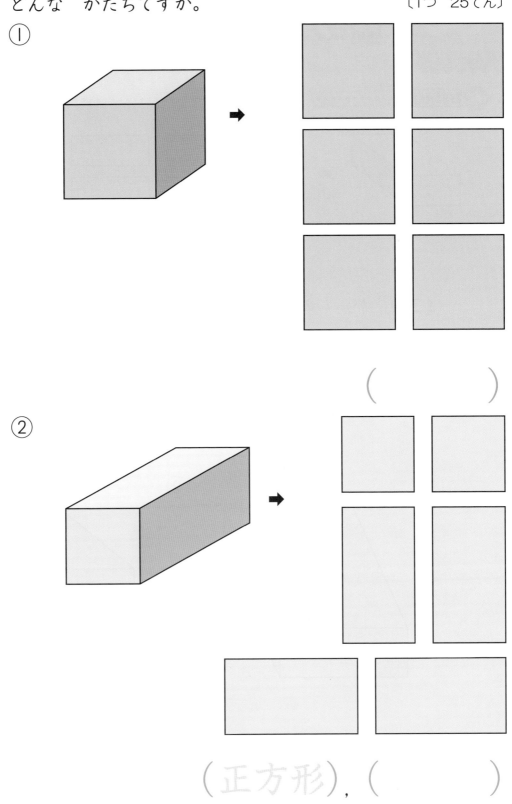

①

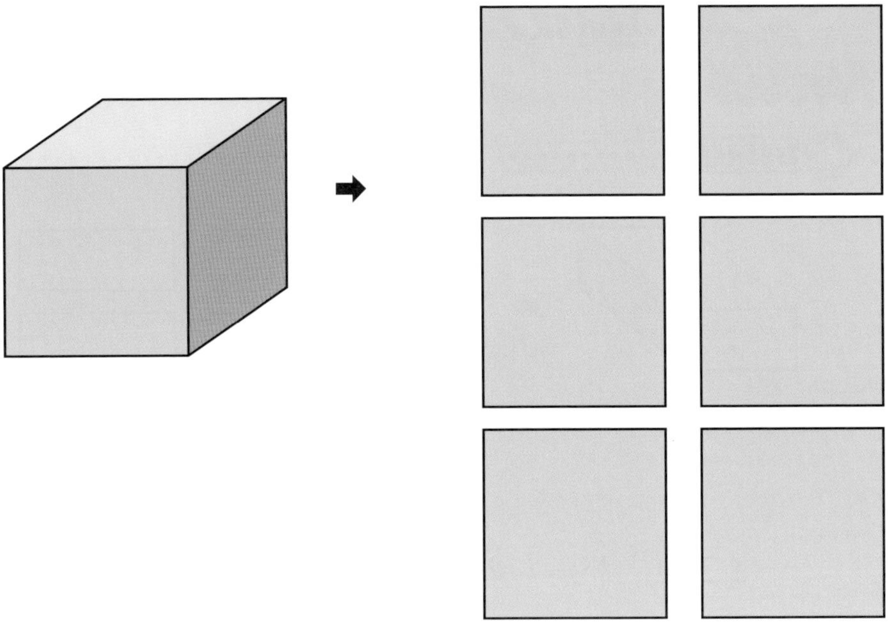

(　　　　)

②

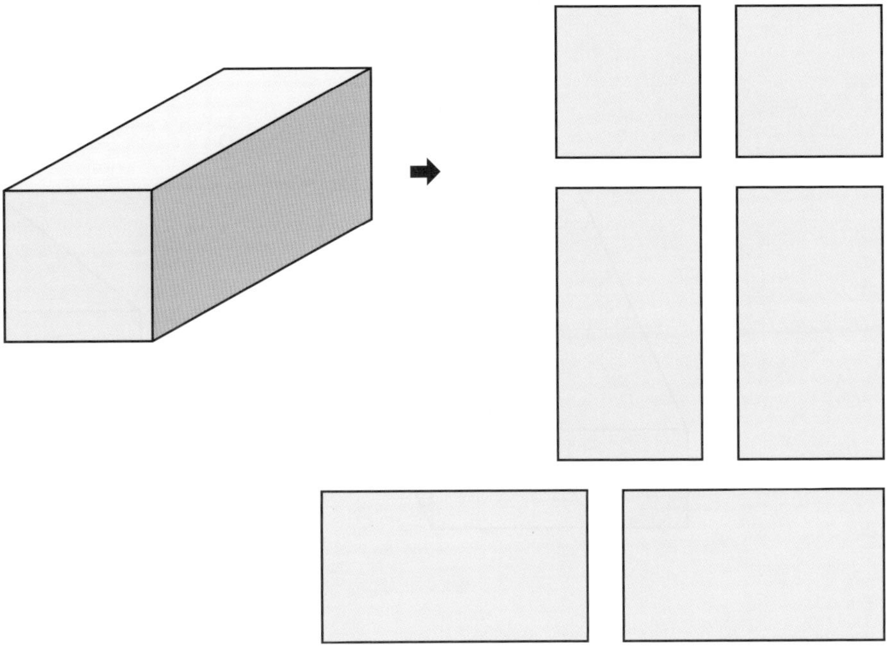

(正方形)，(　　　　)

60

はこの　かたち②
面(めん)の　かず

とくてん
てん

答(こた)え➡別冊(べっさつ)15ページ

おぼえよう

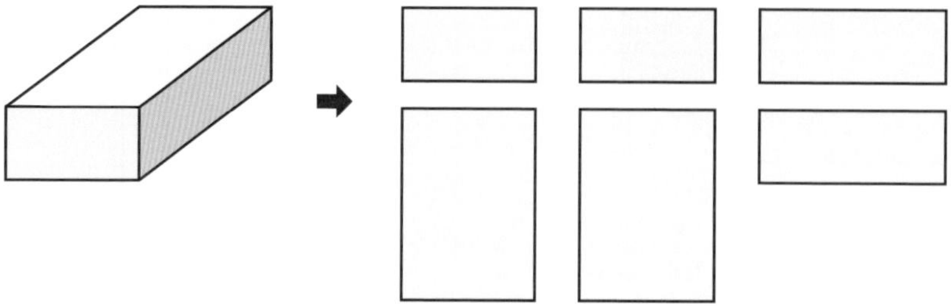

はこの　かたちの　面(めん)は　ぜんぶで　6つ　あります。

1　下の　はこの　かたちの　面(めん)の　かずは　いくつですか。

〔1もん　10てん〕

①

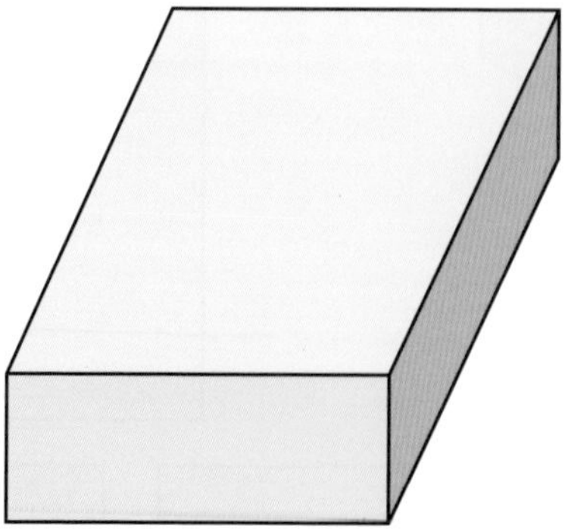

（　　　）

②

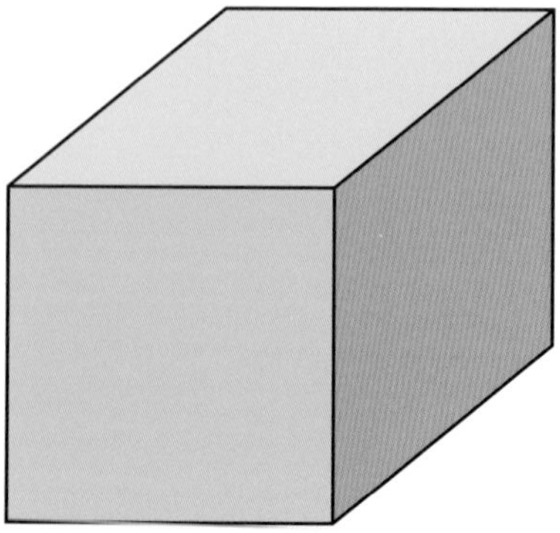

（　　　）

2 □に　あてはまる　かずを　かきましょう。〔1つ　20てん〕

①

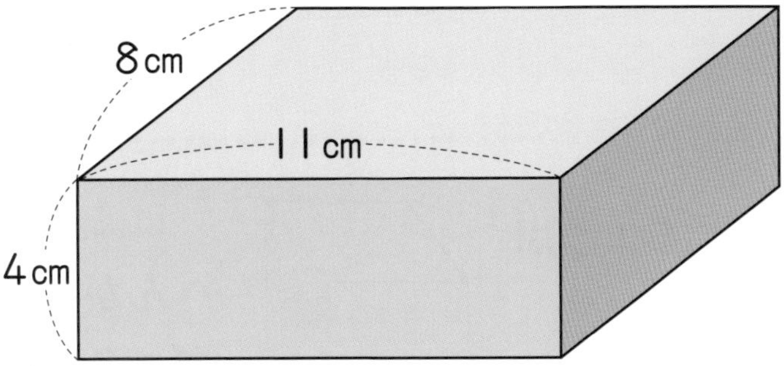

8cm
11cm
4cm

長方形（ちょうほうけい）の　面（めん）の　かずは，□つです。

②

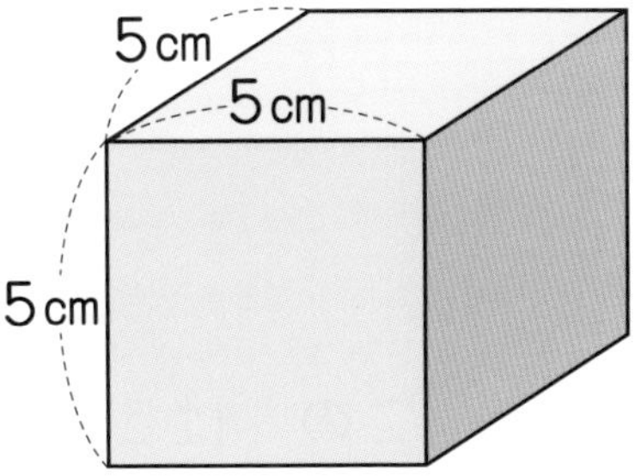

5cm
5cm
5cm

正方形（せいほうけい）の　面（めん）の　かずは，□つです。

☆③

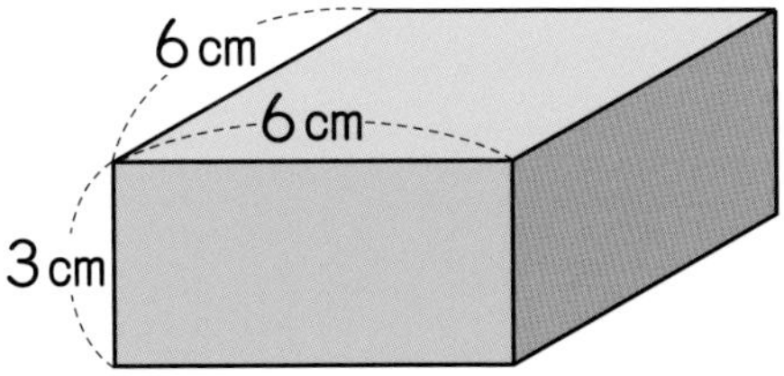

6cm
6cm
3cm

長方形（ちょうほうけい）の　面（めん）の　かずは　□つ，正方形（せいほうけい）の　面（めん）の　かずは　□つです。

61 はこの　かたち③

へんの　かず・ちょう点の　かず

とくてん
　　　　てん

答え➡別冊15ページ

おぼえよう

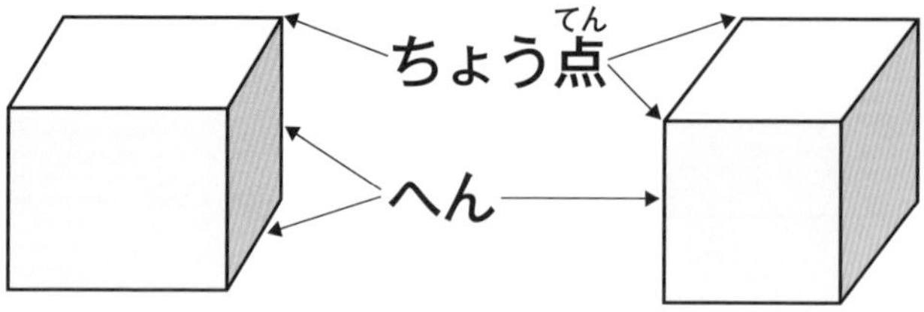
ちょう点
へん

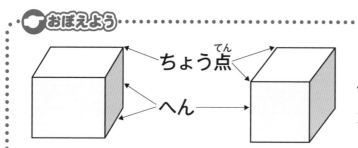

はこの　かたちには，**へんが　12，ちょう点が　8つ**　あります。

1　□に　あてはまる　かずを　かきましょう。〔1つ　7てん〕

①

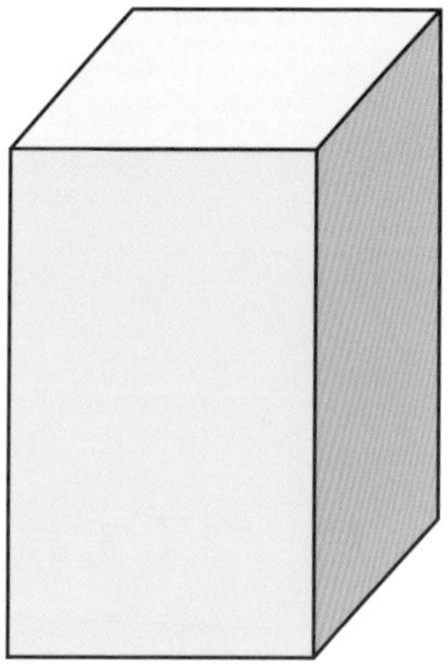

この　はこの
へんの　かずは　□，
ちょう点の　かずは　□つ。

②

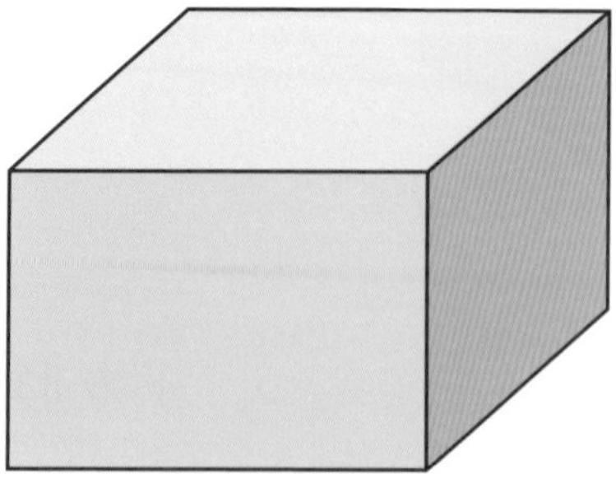

この　はこの
へんの　かずは　□，
ちょう点の　かずは　□つ。

2 □に　あてはまる　かずを　かきましょう。〔1つ　8てん〕

①

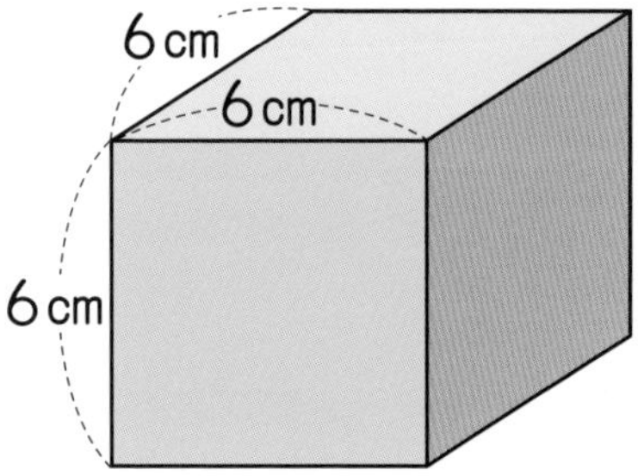

6cm
6cm
6cm

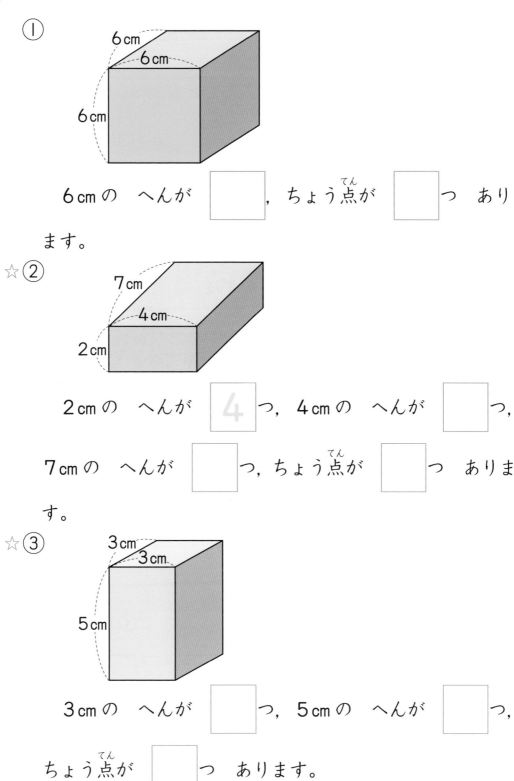

6cmの　へんが □，ちょう点が □つ　あります。

☆②

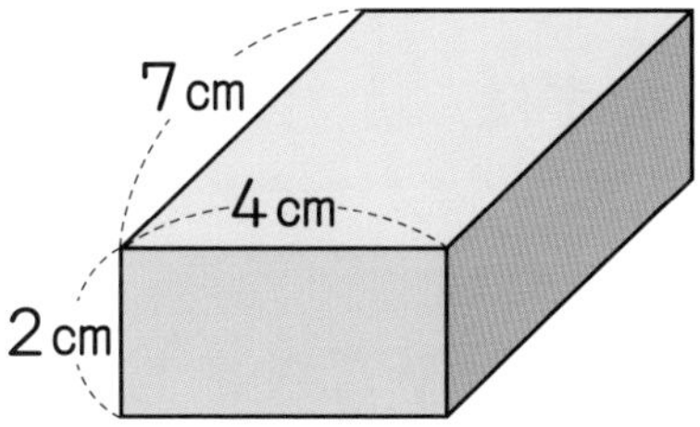

7cm
4cm
2cm

2cmの　へんが 4 つ，4cmの　へんが □つ，7cmの　へんが □つ，ちょう点が □つ　あります。

☆③

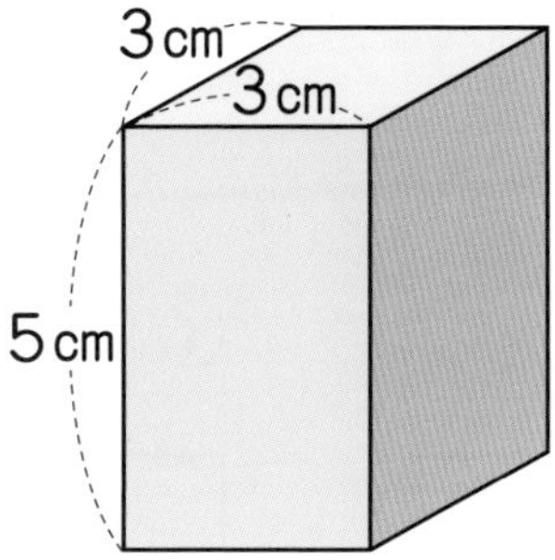

3cm
3cm
5cm

3cmの　へんが □つ，5cmの　へんが □つ，ちょう点が □つ　あります。

62 はこの　かたち④
ひらいた　ず①

とくてん
てん

答え➡別冊15ページ

ポイント

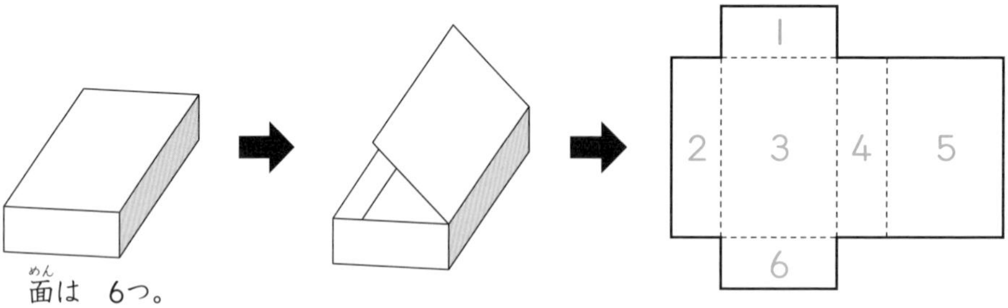
1
2
3
4
5
6

面は　6つ。

はこを　ひらいても　面の　かずは　かわりません。

1　左の　はこを，右のように　ひらきました。正しい　ほうに　○を　つけましょう。〔1もん　20てん〕

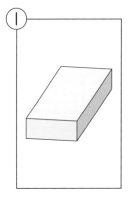

①

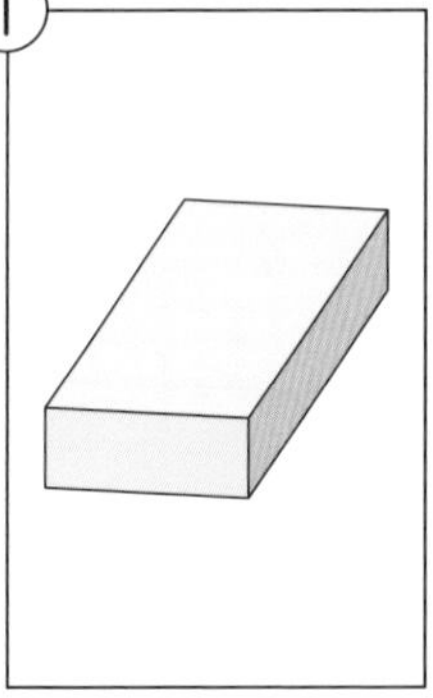

㋐

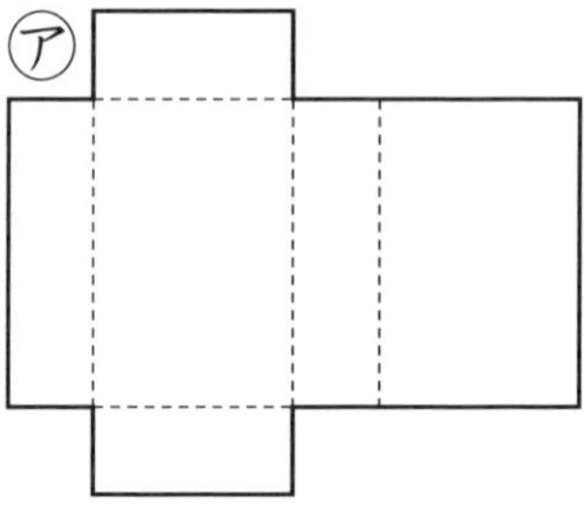

（　　　）

㋑

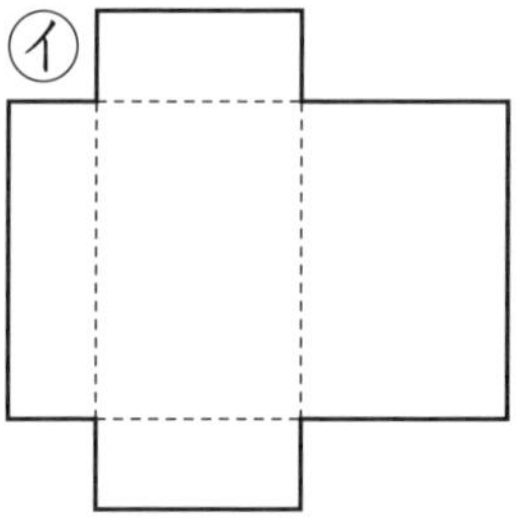

（　　　）

②

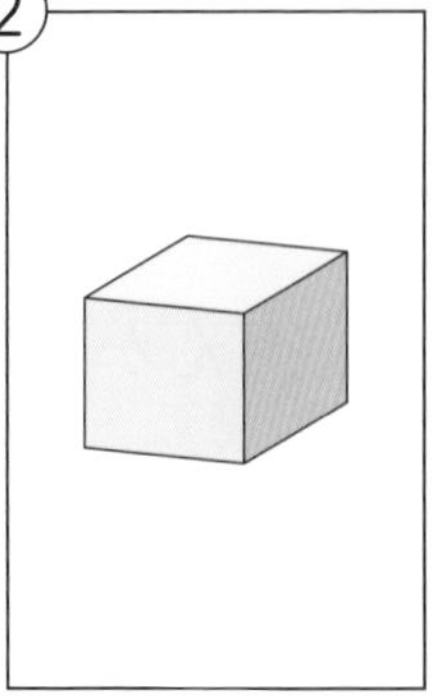

㋐

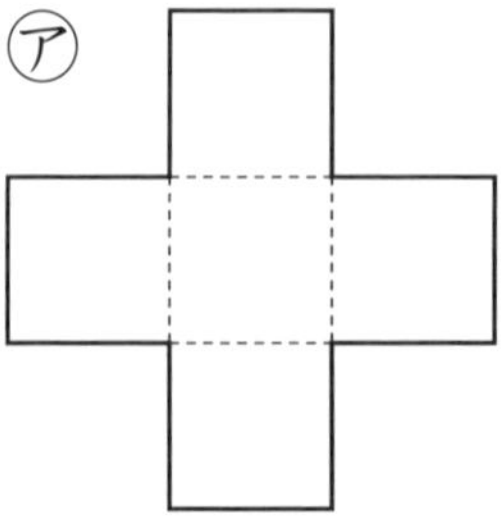

（　　　）

㋑

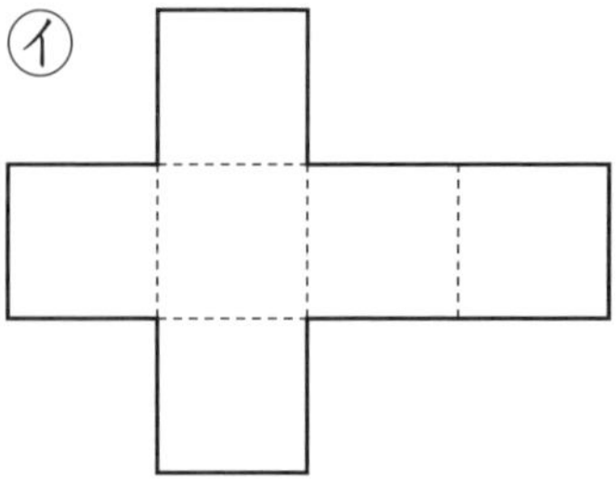

（　　　）

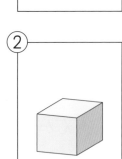

2 左の　はこを，右のように　ひらきました。正しい　ほうに　○を　つけましょう。 〔1もん　20てん〕

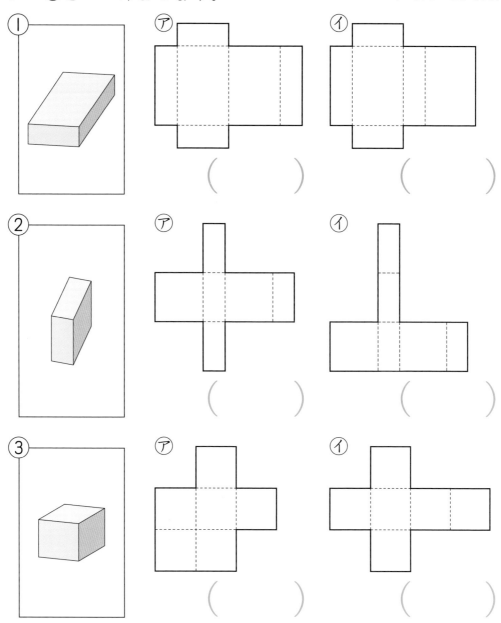

①

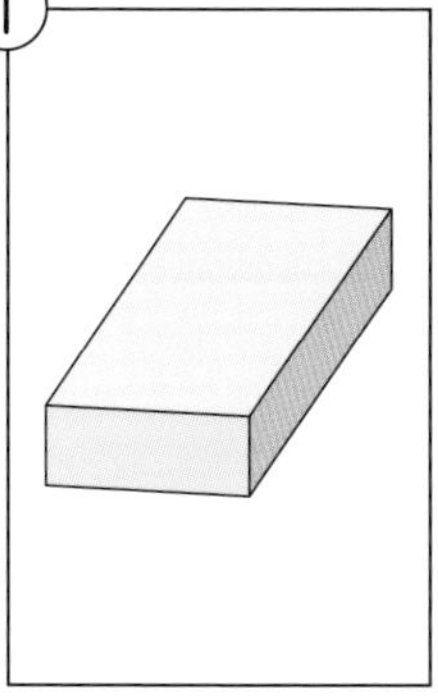

ア

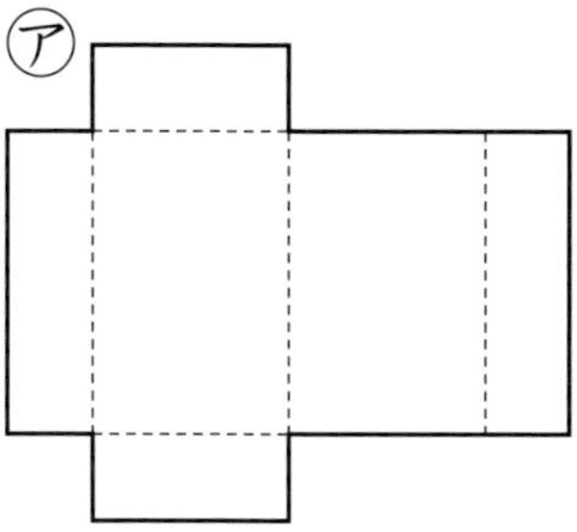

（　　　）

イ

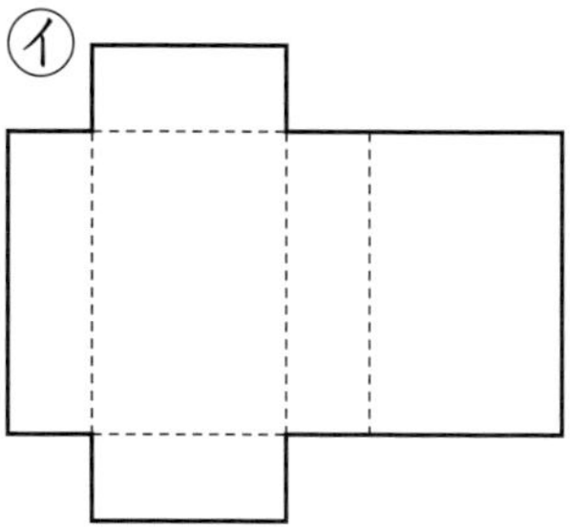

（　　　）

②

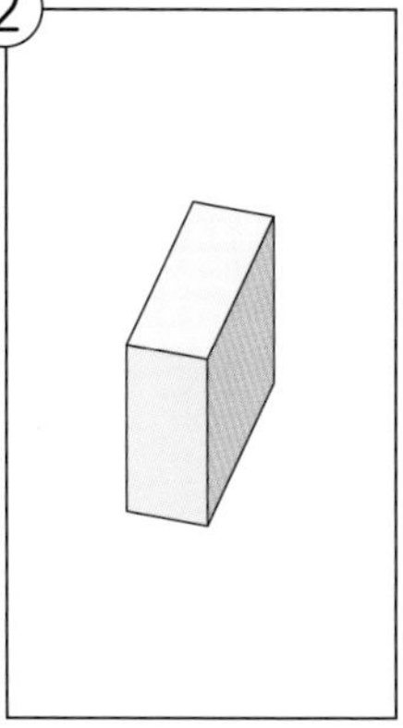

ア

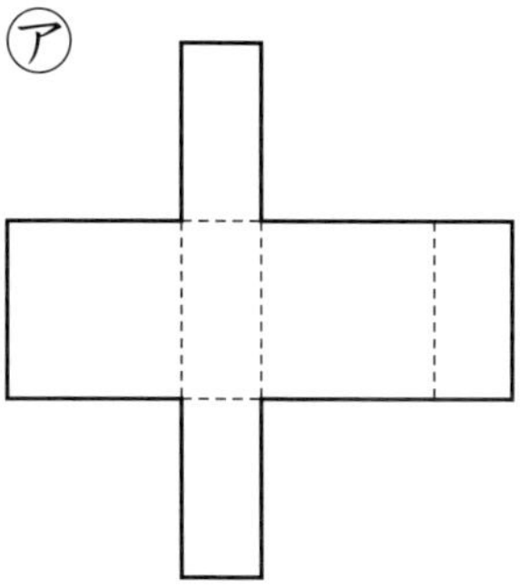

（　　　）

イ

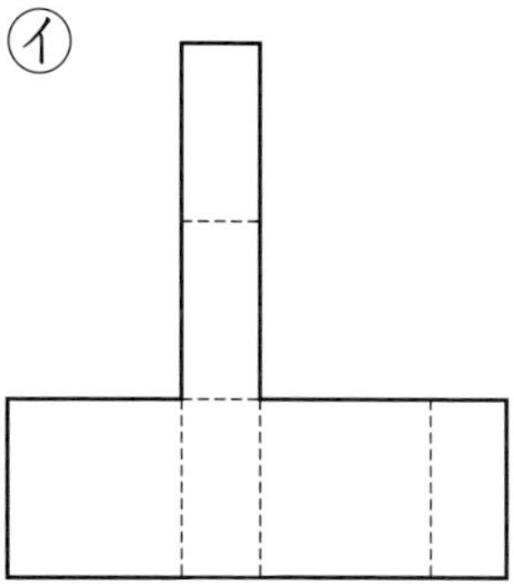

（　　　）

③

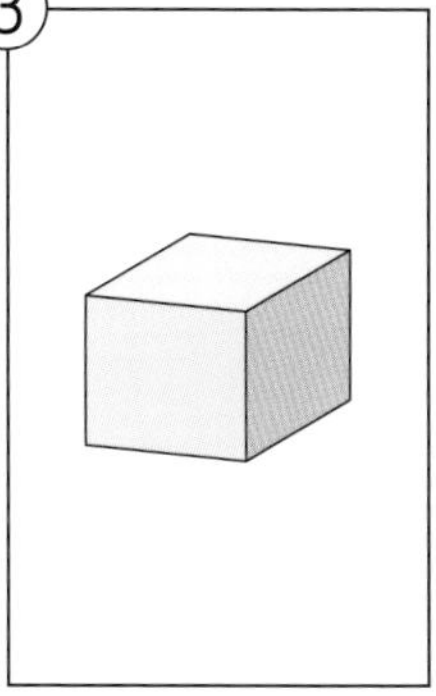

ア

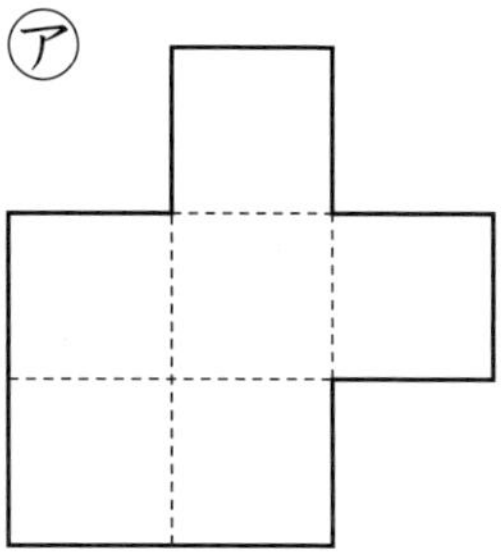

（　　　）

イ

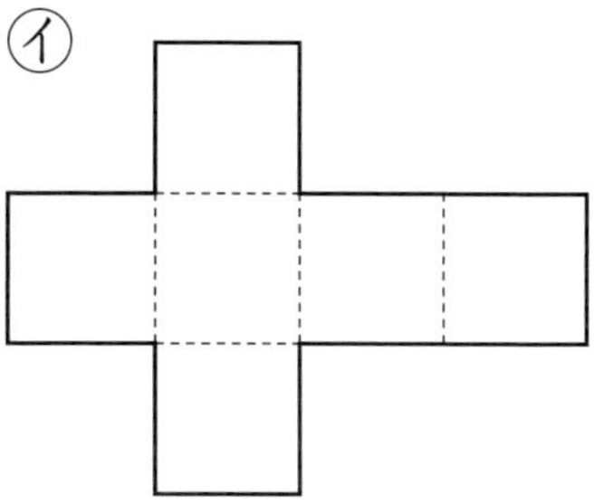

（　　　）

むかいあう　面(めん)は，ひらいたずでは，となりに　きません。

63 はこの　かたち⑤
ひらいた　ず②

とくてん　　てん

答え➡別冊15ページ

れい

ひらいた　ずを　くみ立てると…。

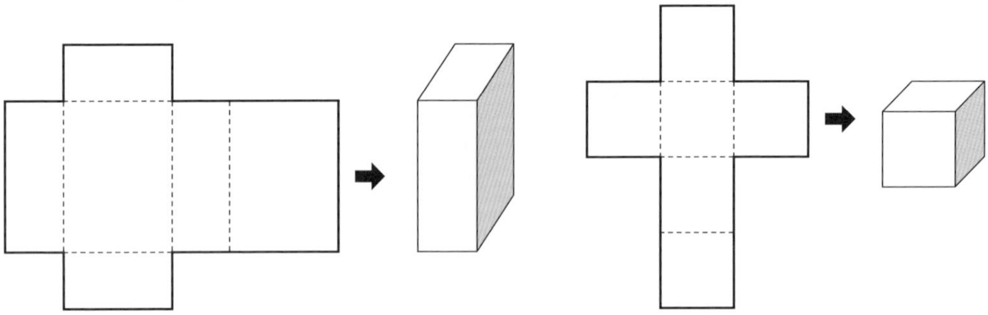

1　ひらいた　ずを　くみ立てると　どの　はこが　できますか。〔25てん〕

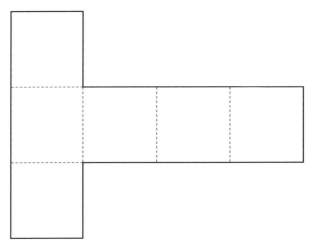

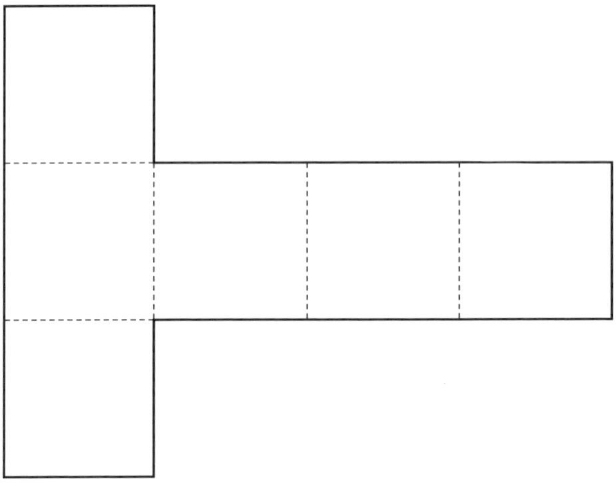

㋐

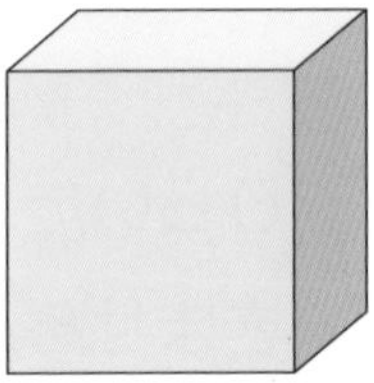

㋑

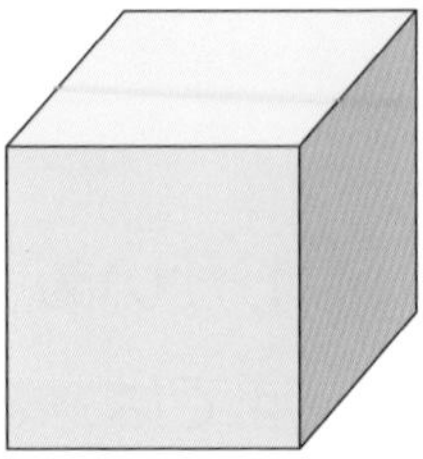

㋒

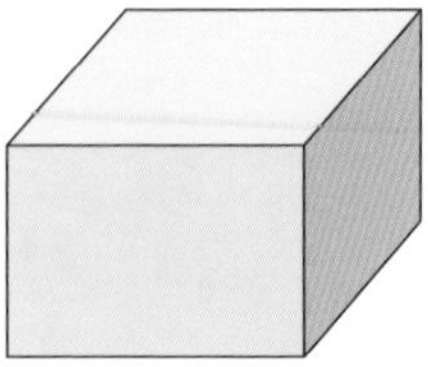

（　　　）

2 左の　ひらいた　ずを　くみ立てると，右の　ずの　どの　はこが　できますか。線で　つなぎましょう。〔1つ　25てん〕

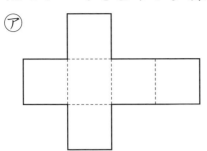

㋐
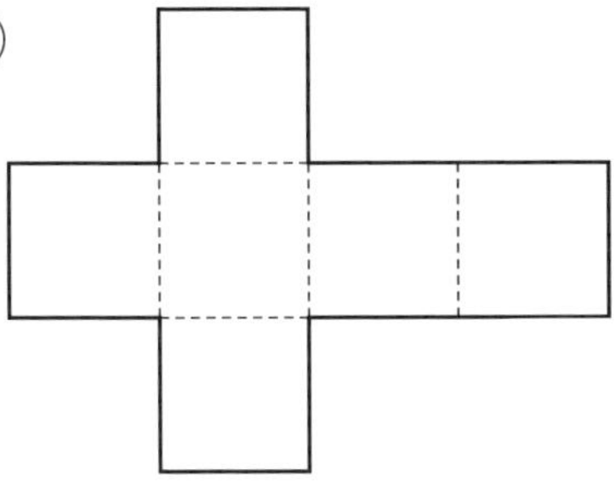

㋓
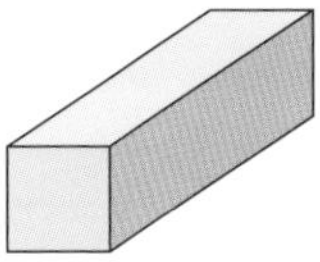

㋑
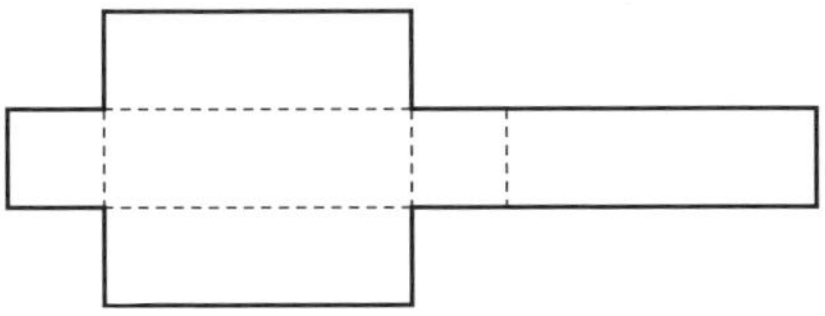

㋔
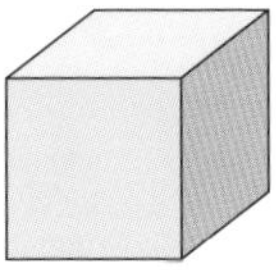

㋒
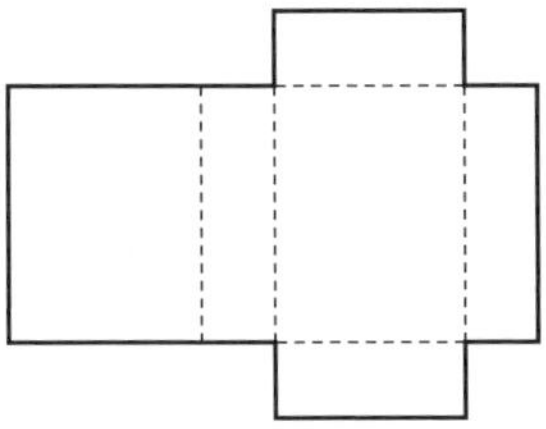

㋕
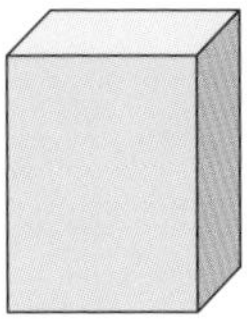

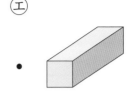

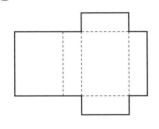

64 はこの　かたち⑥
ひらいた　ず③

とくてん　　てん

答え➡別冊16ページ

れい

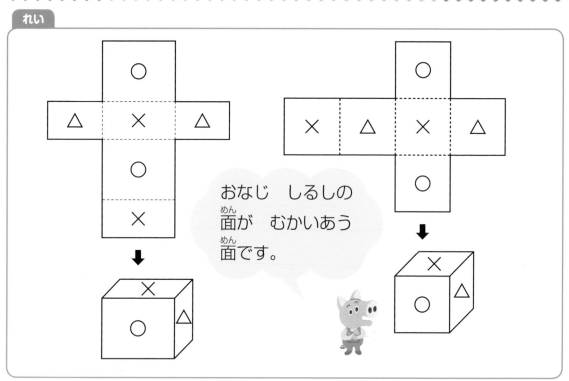

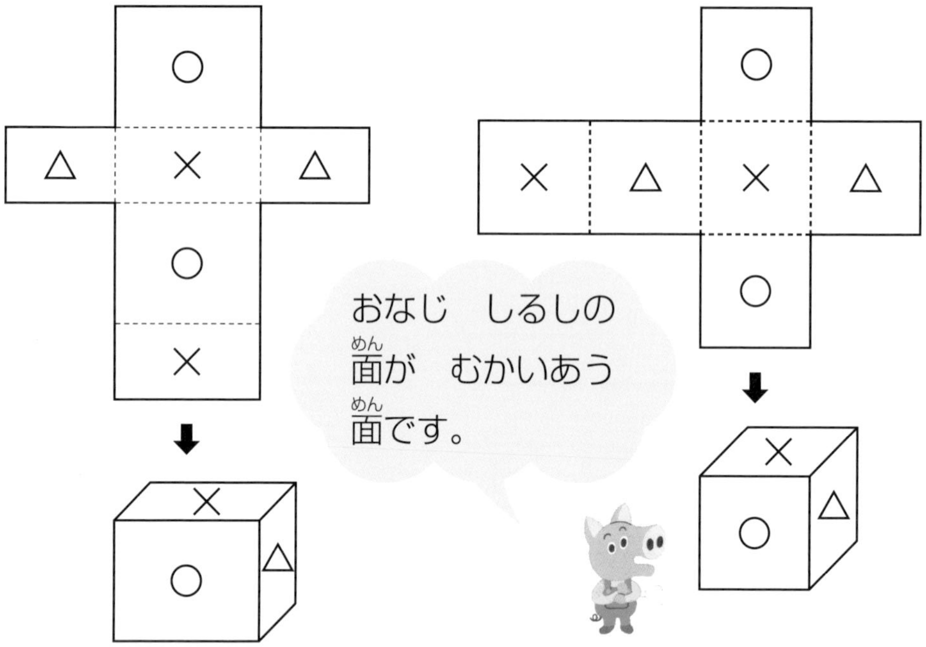
おなじ　しるしの
面が　むかいあう
面です。

1 下の　ずを　くみ立てて　はこを　つくります。

〔1もん　10てん〕

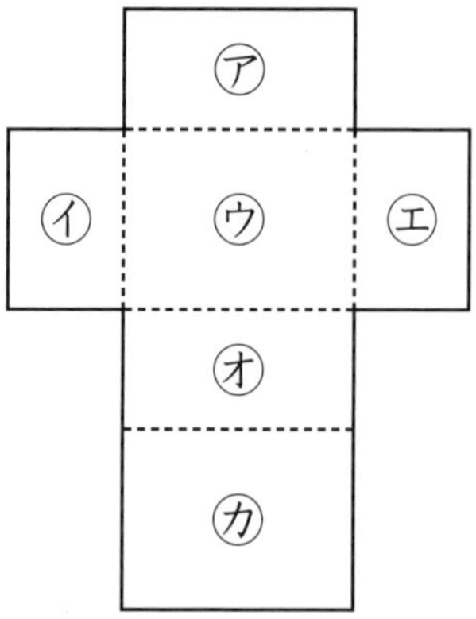
ア
イ
ウ
エ
オ
カ

① ㋐と　むかいあう　面は　どれですか。

（　　　）

② ㋑と　むかいあう　面は　どれですか。

（　　　）

③ ㋒と　むかいあう　面は　どれですか。

（　　　）

2 下の　ずを　くみたてて　はこを　つくります。

〔1もん　14てん〕

①

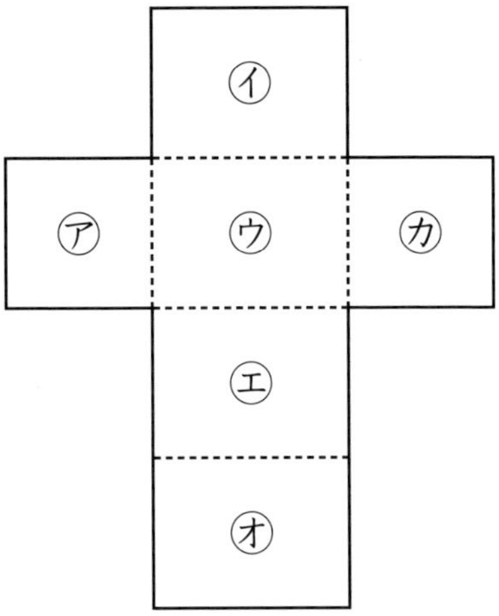
㋑
㋐
㋒
㋕
㋓
㋔

(1)　㋐と　むかいあう　面(めん)は　どれですか。

(　　　)

(2)　㋔と　むかいあう　面(めん)は　どれですか。

(　　　)

(3)　㋓と　むかいあう　面(めん)は　どれですか。

(　　　)

②

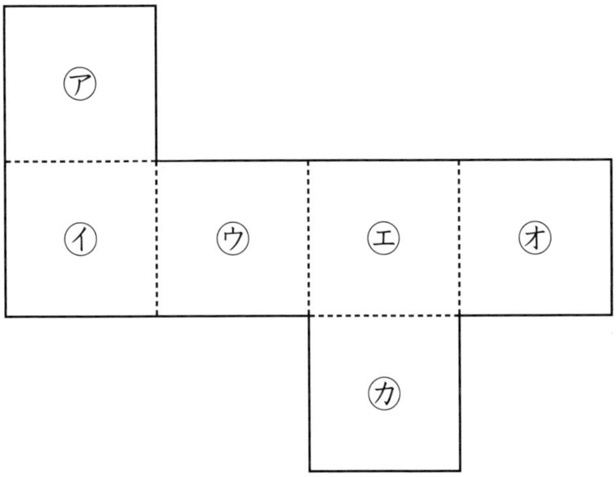
㋐
㋑
㋒
㋓
㋔
㋕

(1)　㋓と　むかいあう　面(めん)は　どれですか。

(　　　)

(2)　㋕と　むかいあう　面(めん)は　どれですか。

(　　　)

65 はこの　かたち⑦
ひらいた　ず④

とくてん
てん
答え➡別冊16ページ

れい

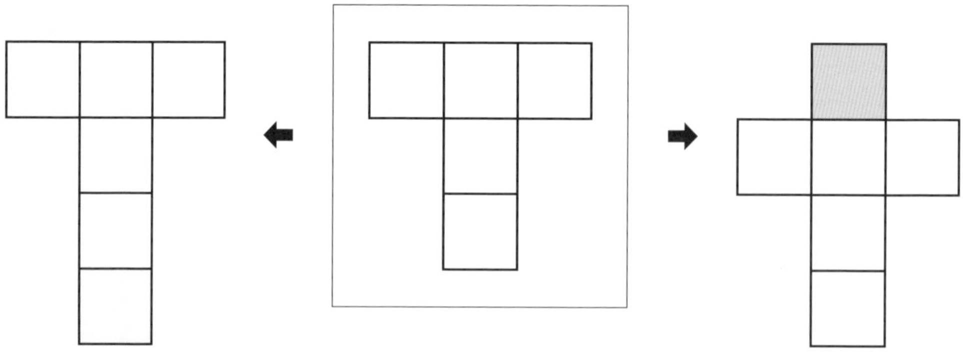

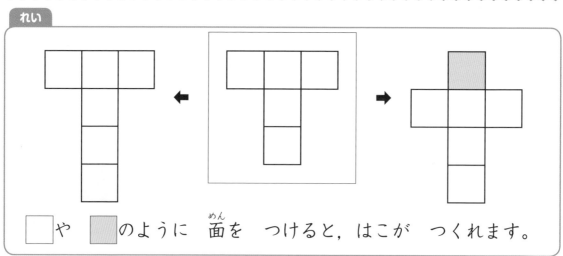

□や ▨のように 面を　つけると，はこが　つくれます。

1 はこを　つくろうと　おもいます。下の　ずの　㋐の　面に　つけて，ひつような　面を　かきたしましょう。

〔20てん〕

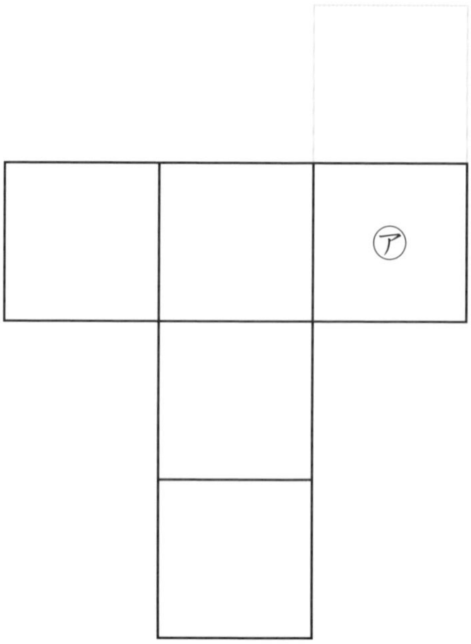

㋐

☆ **2** はこを　つくろうと　おもいます。下の　ずに　ひつような　面（めん）を　1つずつ　かきたしましょう。ぜんぶで　4しゅるい　できます。

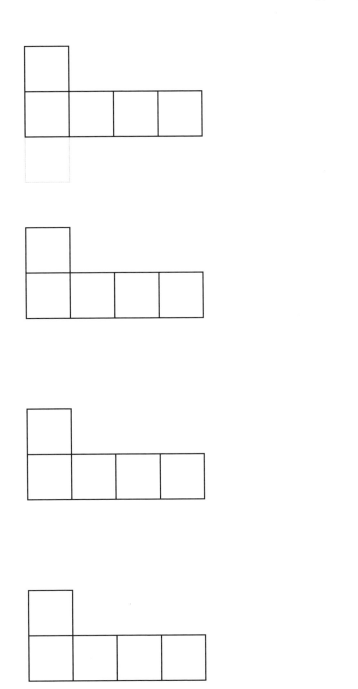

〔1つ　20てん〕

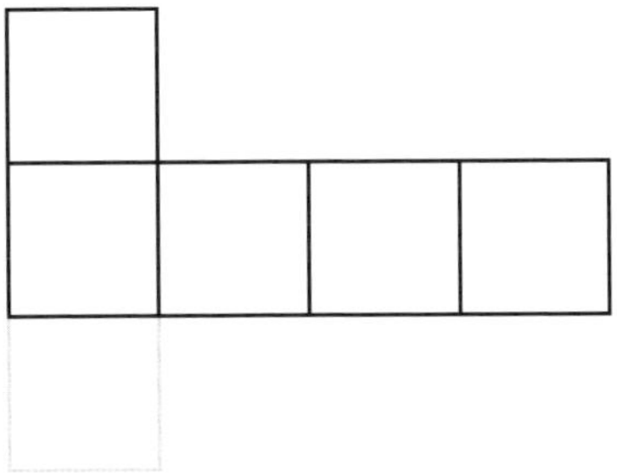

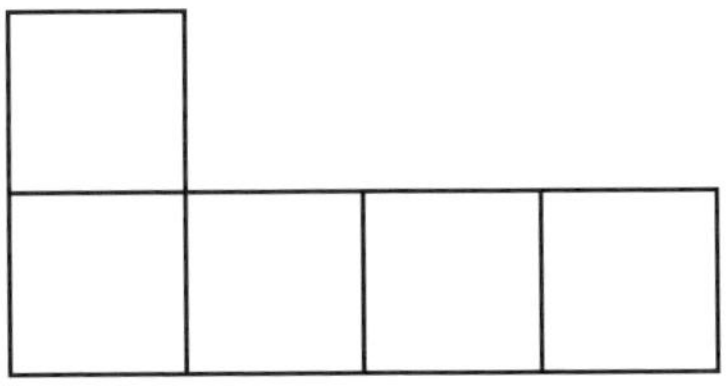

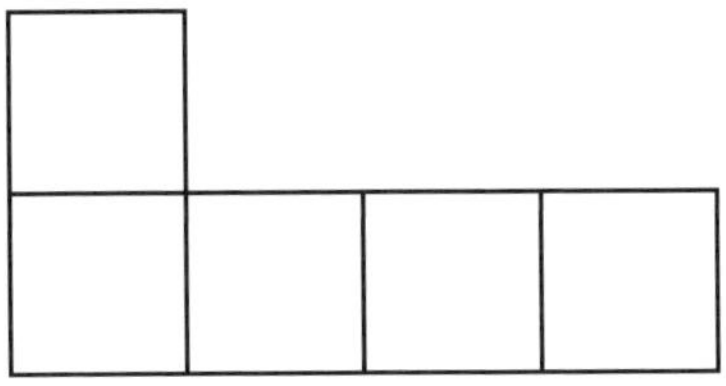

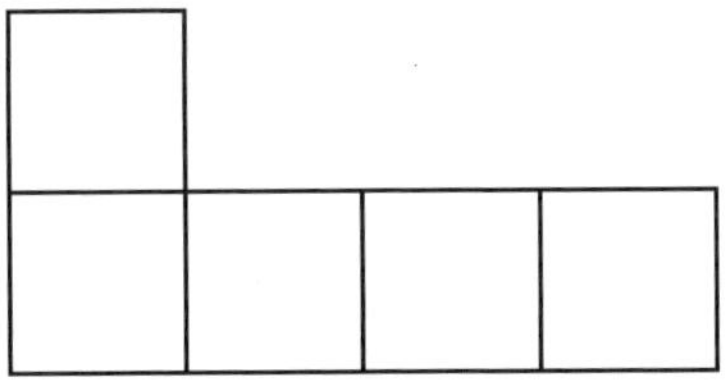

66 はこの　かたち⑧
まとめ

とくてん　　てん

答え➡別冊16ページ

1 □に　あてはまる　ことばや　かずを　かきましょう。

〔1つ　8てん〕

① はこの　かたちで，たいらな　ところを □ と　いいます。

② ひごと　ねん土玉を　つかって，右のような　はこの　かたちを　つくりました。

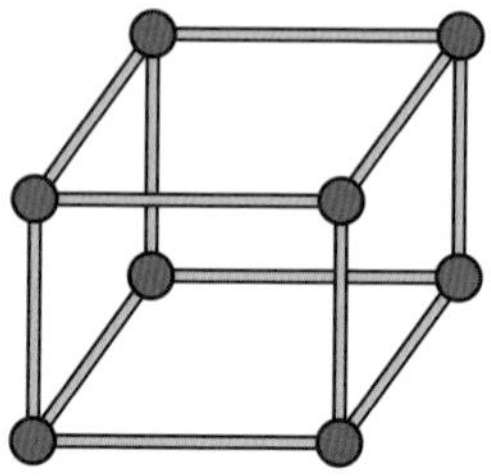

はこの　かたちで，ひごの　ところを □，ねん土玉の　ところを □ と　いいます。

③ はこの　かたちの　面の　かたちは　長方形や □ で，面の　かずは □ つです。

④ はこの　かたちの　へんの　かずは □ です。

⑤ はこの　かたちには　ちょう点が □ つ　あります。

2 右の　はこの　かたちに　ついて　こたえましょう。

〔1もん　7てん〕

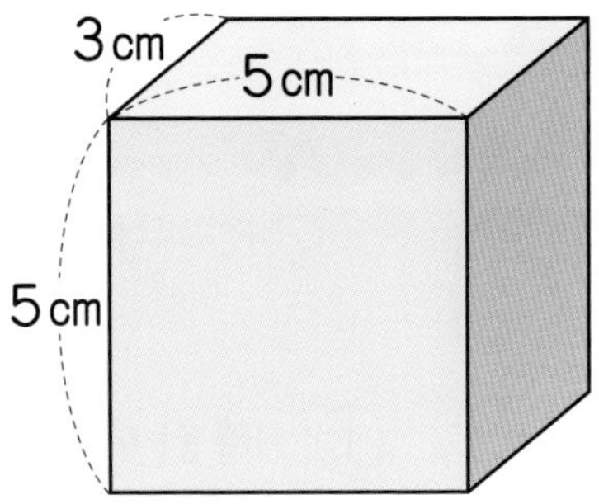
3cm
5cm
5cm

① 長方形(ちょうほうけい)の　面(めん)は　いくつ　ありますか。

(　　　　)

② 正方形(せいほうけい)の　面(めん)は　いくつ　ありますか。

(　　　　)

③ ながさが　5cmの　へんは　いくつ　ありますか。

(　　　　)

④ ながさが　3cmの　へんは　いくつ　ありますか。

(　　　　)

⑤ ちょう点(てん)は　いくつ　ありますか。

(　　　　)

3 はこの　かたちが　できるのは　どれですか。　〔9てん〕

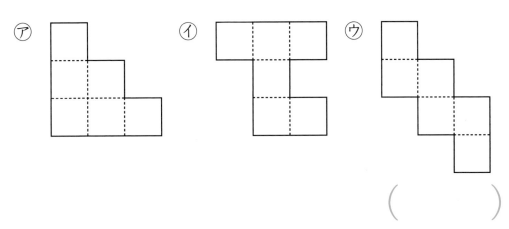

㋐ ㋑ ㋒

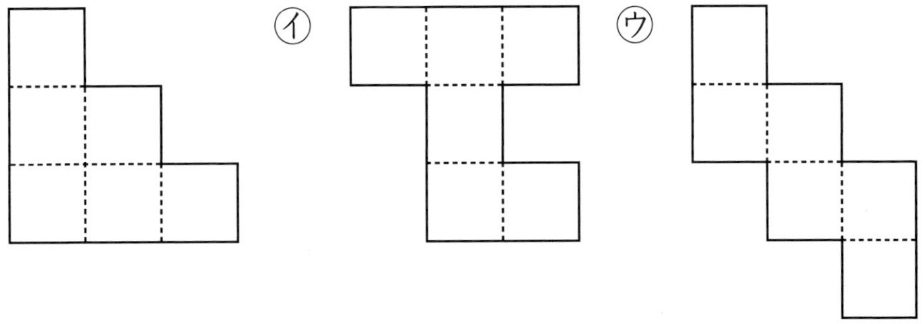

(　　　　)

67 2年の　まとめ①

とくてん　　てん

答え➡別冊16ページ

1 □に　あてはまる　かずや　ことばを　かきましょう。

〔1つ　5てん〕

① 時計の　ながい　はりが　1めもり　うごく　時間は　□分です。

□時間は　ながい　はりが　1まわりする　時間です。

午前，午後は，それぞれ　□時間です。

1日は　□時間です。

② まっすぐな　線を　□と　いいます。

③ かどが　みんな　□に　なって　いる　四角形を　長方形と　いいます。

長方形の　むかいあう　2つの　□の　ながさは　おなじです。

④ はこの　かたちには，面が　□つ，へんが　□，ちょう点が　□つ　あります。面は，□や　正方形の　かたちを　して　います。

2 いま　午前8時15分です。つぎの　時こくを　こたえましょう。　〔1もん　5てん〕

① 30分まえ　　（　　　　）

② 30分あと　　（　　　　）

3 下の　かたちを　見て　こたえましょう。　〔1もん　5てん〕

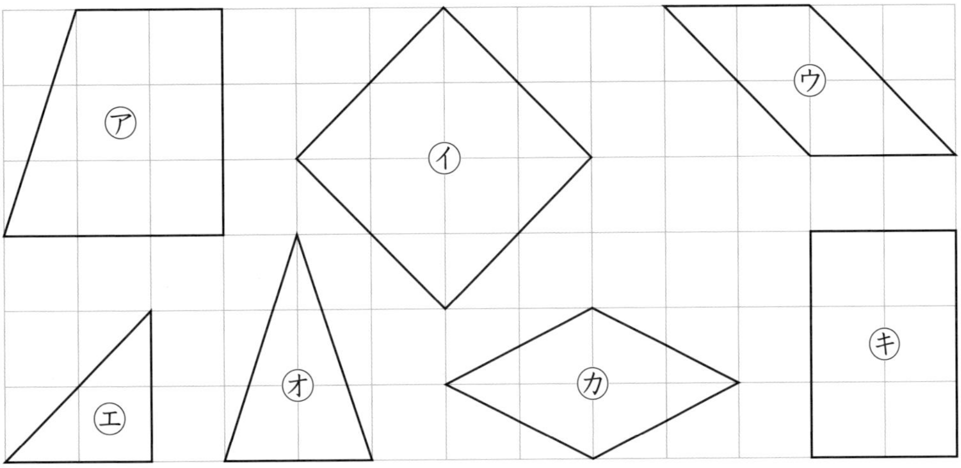

ア
イ
ウ
エ
オ
カ
キ

① 長方形は　どれですか。　（　　　）

② 正方形は　どれですか。　（　　　）

③ 直角三角形は　どれですか。　（　　　）

4 下の　かたちを　ひごと　ねん土玉で　つくります。□に　あてはまる　かずを　かきましょう。　〔1つ　10てん〕

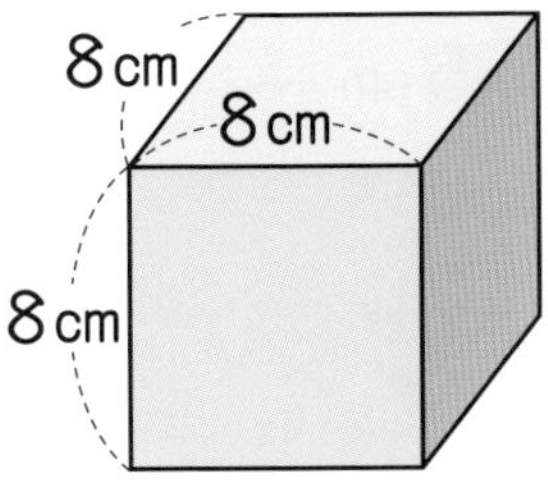

8cm
8cm
8cm

8cmの　ひごが　□本，ねん土玉が　□こ　いります。

68 2年の　まとめ②

とくてん　　てん

答え➡別冊16ページ

1 □に　あてはまる　かずを　かきましょう。〔1もん　4てん〕

① 1時間＝□分　　② 1時間30分＝□分

③ 70分＝□時間□分

④ 100分＝□時間□分

2 □に　あてはまる　かずを　かきましょう。〔1もん　4てん〕

① 1cm＝□mm　　② 1cm9mm＝□mm

③ 30mm＝□cm　　④ 45mm＝□cm□mm

⑤ 2m＝□cm　　⑥ 3m5cm＝□cm

⑦ 165cm＝□m□cm

3 □に　あてはまる　かずを　かきましょう。〔1もん　4てん〕

① 1L＝□dL

② 1L6dL＝□dL

③ 14dL＝□L□dL

④ 30dL＝□L

⑤ 3L＝□mL

⑥ 8L＝□mL

⑦ 4000mL＝□L

⑧ 5000mL＝□L

⑨ 7dL＝□mL

⑩ 1100mL＝□dL

⑪ 1L4dL＝□mL

⑫ 3L6dL＝□mL

⑬ 1300mL＝□L□dL

⑭ 18000mL＝□L

くもんの算数集中学習　小学２年生 単位と図形にぐーんと強くなる

2020年 2 月　第 1 版第 1 刷発行
2024年 7 月　第 1 版第11刷発行

●印刷・製本　TOPPAN株式会社
●カバーデザイン　辻中浩一+小池万友美（ウフ）
●カバーイラスト　亀山鶴子
●本文イラスト　住井陽子・中川貴雄
●本文デザイン　坂田良子
●編集協力　出井秀幸

●発行人　志村直人
●発行所　株式会社くもん出版
〒141-8488
東京都品川区東五反田2-10-2
東五反田スクエア11F
電話　編集直通　03(6836)0317
　　　営業直通　03(6836)0305
　　　代表　03(6836)0301

ISBN 978-4-7743-3048-8

ＣＤ 57328
くもん出版ホームページアドレス　https://www.kumonshuppan.com/

※本書は『単位と図形集中学習　小学２年生』を改題したもので、内容は同じです。

小学2年生

単位と図形にぐーんと強くなる

別冊解答

・答え合わせは、1つずつ ていねいに 見て いきましょう。

・まちがえた もんだいは、どこで まちがえたのかを たしかめて、できるように しましょう。

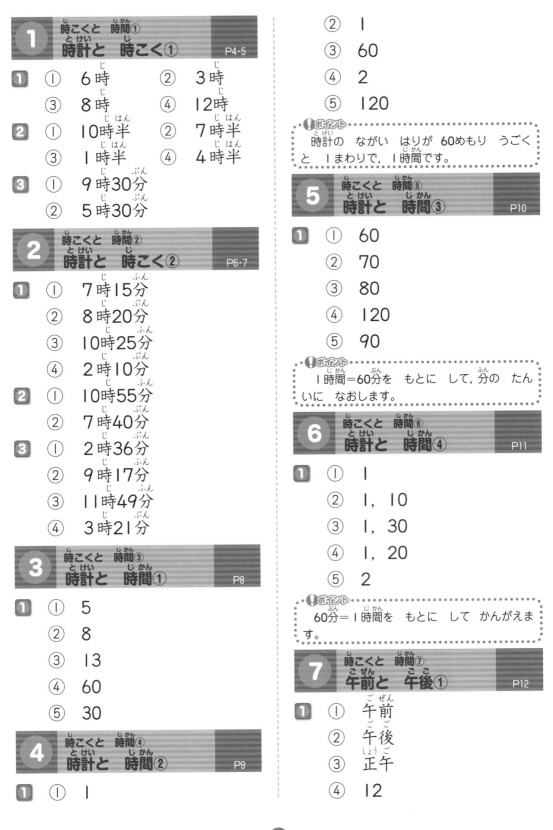

1 時こくと 時間①
時計と 時こく①
P4・5

1 ① 6時 ② 3時
③ 8時 ④ 12時

2 ① 10時半 ② 7時半
③ 1時半 ④ 4時半

3 ① 9時30分
② 5時30分

2 時こくと 時間②
時計と 時こく②
P6・7

1 ① 7時15分
② 8時20分
③ 10時25分
④ 2時10分

2 ① 10時55分
② 7時40分

3 ① 2時36分
② 9時17分
③ 11時49分
④ 3時21分

3 時こくと 時間③
時計と 時間①
P8

1 ① 5
② 8
③ 13
④ 60
⑤ 30

4 時こくと 時間④
時計と 時間②
P9

1 ① 1
② 1
③ 60
④ 2
⑤ 120

ポイント
時計の ながい はりが 60めもり うごくと 1まわりで，1時間です。

5 時こくと 時間⑤
時計と 時間③
P10

1 ① 60
② 70
③ 80
④ 120
⑤ 90

ポイント
1時間＝60分を もとに して，分の たんいに なおします。

6 時こくと 時間⑥
時計と 時間④
P11

1 ① 1
② 1，10
③ 1，30
④ 1，20
⑤ 2

ポイント
60分＝1時間を もとに して かんがえます。

7 時こくと 時間⑦
午前と 午後①
P12

1 ① 午前
② 午後
③ 正午
④ 12

⑤　24

ポイント
正午は　午前12時であり，午後0時でも　あります。

8 時こくと　時間⑧ 午前と　午後②　P13

1 ①　午前8時20分
②　午後1時45分
③　午後9時8分
④　午前6時54分
⑤　午後10時29分

9 時こくと　時間⑨ 時計と　時間⑤　P14・15

1 ①　2時間
②　3時間
③　5時間
④　4時間

2 ①　2時間
②　6時間
③　8時間

3 ①　3時間
②　4時間
③　4時間

10 時こくと　時間⑩ 時計と　時間⑥　P16・17

1 ①　30分
②　20分
③　20分
④　20分

ポイント
30分間，20分間としても　かまいません。

2 ①　15分
②　35分
③　55分

3 ①　40分
②　45分
③　45分

ポイント
3 ③　9時までに　15分，9時から　30分で　あわせて　45分です。

11 時こくと　時間⑪ 時計と　時間⑦　P18・19

1 ①　1時間20分
②　1時間50分
③　2時間10分
④　2時間30分

2 ①　1時間20分
②　1時間40分
③　2時間10分

3 ①　1時間10分
②　1時間30分
③　2時間20分

12 時こくと　時間⑫ ○時間あと・○時間まえの　時こく　P20・21

1 ①　午前11時，
午前9時
②　午後5時，
午後1時

2 ①　午後3時20分，
午後1時20分
②　午前9時20分，
午前5時20分

③ 午後3時20分，
午前9時20分

3 ① 午後3時10分
② 午後3時20分
③ 午前2時40分

13 時こくと 時間⑬ ○分あと・○分まえの 時こく P22・23

1 ① 午後3時20分，
午後2時40分
② 午前7時30分
（午前7時半），
午前6時30分
（午前6時半）

2 ① 午後4時50分，
午後4時30分
（午後4時半）
② 午前10時55分，
午前10時25分
③ 午前7時20分，
午前6時

3 ① 午前9時10分
② 午後5時
③ 午後7時50分

14 時こくと 時間⑭ まとめ P24・25

1 ① 4時
② 6時15分
③ 1時35分
④ 9時46分

2 ① 30　② 1
③ 120　④ 1，10

3 ① 2時間
② 45分
③ 2時間15分

4 ① 午後7時20分
② 午前11時10分
③ 午後4時25分

15 ながさ① ながしらべ① P26・27

1 ① ㋑，3
② ㋐，4
③ ㋑，1

2 クレヨン…4　えんぴつ…1
ペン　…2　クリップ…6
のり　…3　けしゴム…5

3 いちばん　ながい　…㋒
いちばん　みじかい…㋓

ポイント
それぞれ　なんますぶんの　ながさに　なって　いるかを　しらべます。

16 ながさ② ながさしらべ② P28・29

1 ① 3 cm
② 4 cm
③ 9 cm

2 ㋐ 11 cm　㋑ 9 cm
㋒ 10 cm　㋓ 8 cm
㋔ 5 cm　㋕ 6 cm
㋖ 13 cm

ポイント
こうさくようしは，たても　よこも　1ます ぶんは　1 cmです。

17 ながさ③ ながさしらべ③ P30

1 ㋐ 1cm　㋑ 7cm
㋒ 3cm
㋓ 13cm

18 ながさ④ ながさしらべ④ P31

1 ① 2mm　② 5mm
③ 8mm　④ 10mm
⑤ 14mm

19 ながさ⑤ ながさしらべ⑤ P32・33

1 ① 10　② 20
③ 30　④ 60
⑤ 50　⑥ 40
⑦ 70　⑧ 80
⑨ 90　⑩ 100
⑪ 120　⑫ 150

2 ① 2, 20
② 5, 50
③ 9, 90
④ 13, 130

3 ① 1, 10
② 3, 30
③ 6, 60
④ 8, 80

20 ながさ⑥ ながさしらべ⑥ P34・35

1 ① 2cm3mm
② 3cm8mm
③ 5cm1mm
④ 6cm9mm

2 ① 1cm7mm
② 4cm2mm
③ 5cm4mm
④ 3cm3mm
⑤ 8cm6mm
⑥ 10cm7mm

21 ながさ⑦ cmと　mm① P36・37

1 ① 11　② 12
③ 14　④ 19
⑤ 26　⑥ 37
⑦ 43　⑧ 58
⑨ 65　⑩ 74
⑪ 81　⑫ 97

2 ① 3cm5mm, 35mm
② 7cm8mm, 78mm

3 ① 6cm9mm, 69mm
② 5cm2mm, 52mm

22 ながさ⑧ cmと　mm② P38・39

1 ① 1　② 2
③ 3　④ 4
⑤ 7　⑥ 6
⑦ 5　⑧ 8

⑨ 9　　⑩ 10

⑪ 15　　⑫ 20

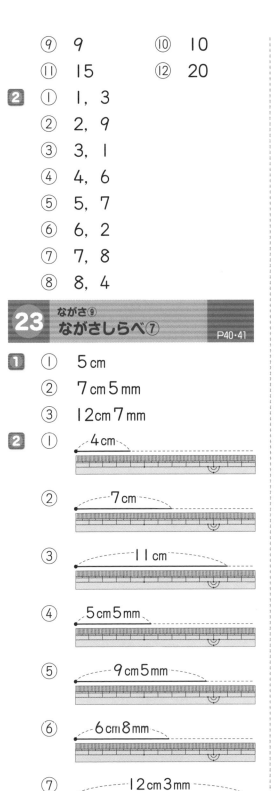

2
① 1, 3
② 2, 9
③ 3, 1
④ 4, 6
⑤ 5, 7
⑥ 6, 2
⑦ 7, 8
⑧ 8, 4

23 ながさ⑨ ながさしらべ⑦ P40・41

1
① 5cm
② 7cm5mm
③ 12cm7mm

2
①
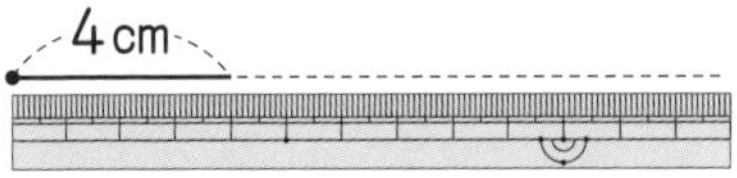
4cm

②
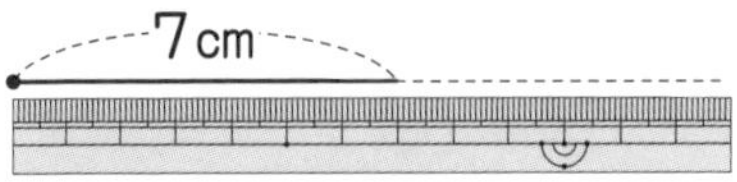
7cm

③
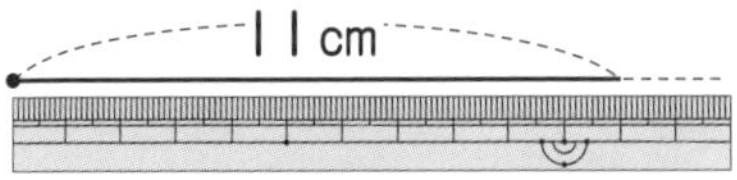
11cm

④
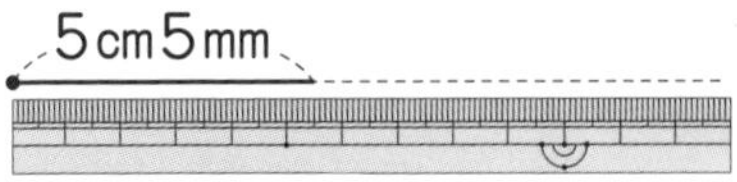
5cm5mm

⑤
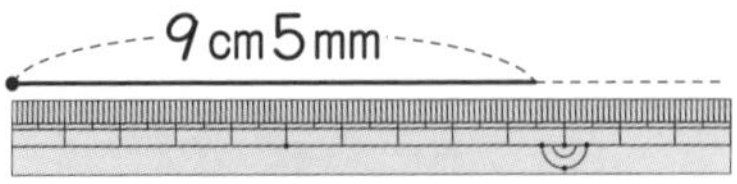
9cm5mm

⑥
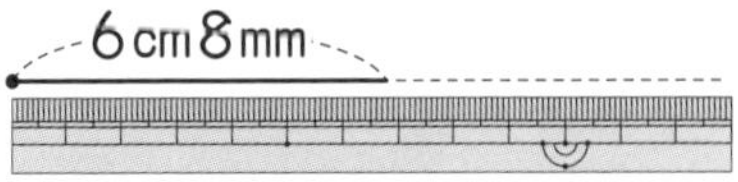
6cm8mm

⑦
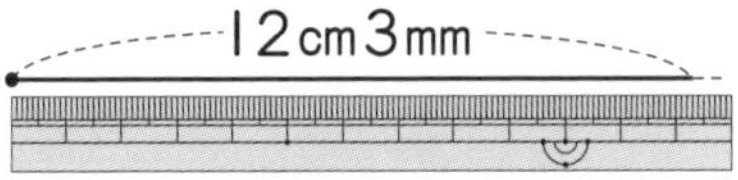
12cm3mm

24 ながさ⑩ ながい　ものの　ながさ P42・43

1
① 30cm
② 60cm
③ 90cm
④ 100cm

2 3, 10

3
① 1m5cm
② 1m10cm
③ 1m15cm
④ 1m20cm

25 ながさ⑪ mと　cm① P44・45

1
① 1, 100
② 2, 200
③ 3, 300
④ 4, 400
⑤ 5, 500
⑥ 6, 600

2
① 100　　② 200
③ 300　　④ 500
⑤ 800　　⑥ 600
⑦ 700　　⑧ 400
⑨ 900　　⑩ 1000
⑪ 600　　⑫ 1100
⑬ 1300

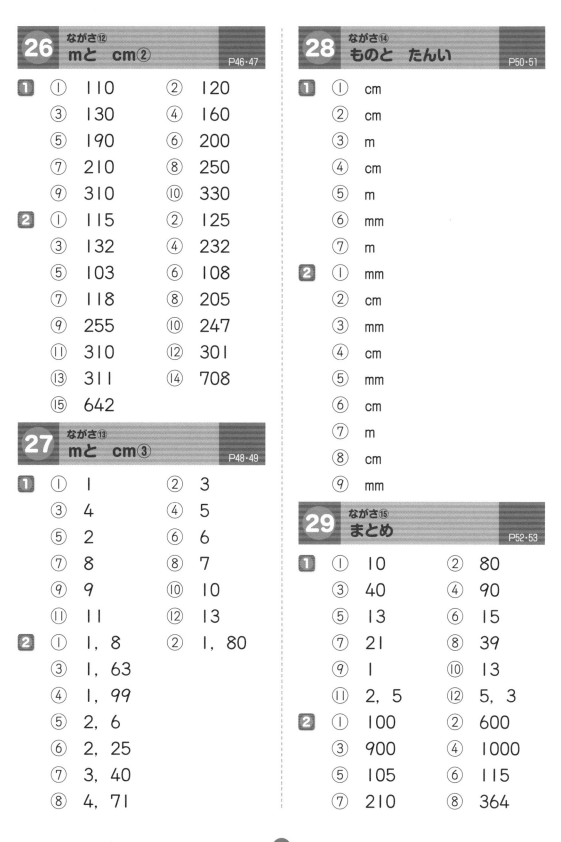

26 ながさ⑫ mと cm② P46・47

1

①	110	②	120
③	130	④	160
⑤	190	⑥	200
⑦	210	⑧	250
⑨	310	⑩	330

2

①	115	②	125
③	132	④	232
⑤	103	⑥	108
⑦	118	⑧	205
⑨	255	⑩	247
⑪	310	⑫	301
⑬	311	⑭	708
⑮	642		

27 ながさ⑬ mと cm③ P48・49

1

①	1	②	3
③	4	④	5
⑤	2	⑥	6
⑦	8	⑧	7
⑨	9	⑩	10
⑪	11	⑫	13

2

①	1，8	②	1，80
③	1，63		
④	1，99		
⑤	2，6		
⑥	2，25		
⑦	3，40		
⑧	4，71		

28 ながさ⑭ ものと たんい P50・51

1

① cm
② cm
③ m
④ cm
⑤ m
⑥ mm
⑦ m

2

① mm
② cm
③ mm
④ cm
⑤ mm
⑥ cm
⑦ m
⑧ cm
⑨ mm

29 ながさ⑮ まとめ P52・53

1

①	10	②	80
③	40	④	90
⑤	13	⑥	15
⑦	21	⑧	39
⑨	1	⑩	13
⑪	2，5	⑫	5，3

2

①	100	②	600
③	900	④	1000
⑤	105	⑥	115
⑦	210	⑧	364

⑨ 1　⑩ 7
⑪ 10　⑫ 12
⑬ 1, 3
⑭ 1, 45
⑮ 2, 89
⑯ 3, 60

30 かさ(たいせき)① dL
P54・55

1 ① 1dL　② 2dL
③ 3dL　④ 4dL
⑤ 5dL
⑥ 7dL
⑦ 6dL

2 ① 8
② 10
③ 12
④ 20

3 ① 9
② 11
③ 13
④ 15
⑤ 30

31 かさ(たいせき)② L
P56・57

1 ① 1L
② 2L
③ 3L
④ 4L

2 ① 5
② 7
③ 10
④ 15

3 ① 6
② 9
③ 11
④ 17

32 かさ(たいせき)③ ●L○dL①
P58・59

1 ① 1L3dL
② 1L6dL
③ 2L4dL
④ 3L2dL

2 ① 1, 2
② 1, 5
③ 2, 8
④ 3, 4

3 ① 9
② 5
③ 2
④ 3

33 かさ(たいせき)④ ●L○dL②
P60・61

1 ① 2dL　② 5dL
③ 8dL　④ 6dL
⑤ 9dL　⑥ 1L

2 ① 1L3dL　② 1L7dL
③ 1L9dL　④ 2L
⑤ 1L5dL　⑥ 2L4dL
⑦ 3L8dL

ポイント
1Lますの　1めもりが　1dLです。

34 かさ(たいせき)⑤ Lと dL① P62

1 ① 20 ② 40
③ 50 ④ 80
⑤ 70 ⑥ 60
⑦ 90 ⑧ 100
⑨ 110 ⑩ 120

35 かさ(たいせき)⑥ Lと dL② P63

1 ① 2 ② 5
③ 7 ④ 4
⑤ 6 ⑥ 8
⑦ 9 ⑧ 10
⑨ 11 ⑩ 13

36 かさ(たいせき)⑦ Lと dL③ P64・65

1 ① 1, 2
② 1, 1
③ 1, 3
④ 1, 5
⑤ 1, 9
⑥ 2
⑦ 2, 1
⑧ 2, 3

2 ① 2, 8
② 3, 8
③ 3, 4
④ 4, 3
⑤ 5, 5
⑥ 7
⑦ 9, 2
⑧ 9, 9

3 ① 1L7dL
② 4L6dL
③ 7L2dL
④ 9L1dL

37 かさ(たいせき)⑧ Lと dL④ P66・67

1 ① 10 ② 11
③ 14 ④ 17
⑤ 20 ⑥ 23
⑦ 26 ⑧ 35
⑨ 38 ⑩ 42

2 ① 1, 5, 15
② 1, 8, 18
③ 2, 4, 24

3 ① 13dL
② 20dL
③ 28dL
④ 37dL

38 かさ(たいせき)⑨ mL① P68・69

1 ① 10mL ② 20mL
③ 30mL ④ 50mL
⑤ 60mL ⑥ 70mL
⑦ 90mL ⑧ 100mL

2 ① 140mL
② 160mL
③ 220mL
④ 390mL

⑤ 580mL
⑥ 750mL

ポイント
1dL ます 1つぶんが, 100mL に なります。

39 かさ(たいせき)⑩ mL②

P70・71

1
① 100mL ② 200mL
③ 400mL ④ 500mL
⑤ 600mL ⑥ 700mL
⑦ 800mL ⑧ 1000mL

2
① 1300mL
② 1800mL
③ 2500mL
④ 3100mL
⑤ 4900mL
⑥ 5600mL

ポイント
1L ます 1つぶんが, 1000mL に なります。

40 かさ(たいせき)⑪ Lと mL①

P72

1
① 1000 ② 2000
③ 4000 ④ 5000
⑤ 7000 ⑥ 9000
⑦ 10000 ⑧ 12000
⑨ 8000
⑩ 18000

41 かさ(たいせき)⑫ Lと mL②

P73

1
① 1 ② 2
③ 3 ④ 6
⑤ 8 ⑥ 10
⑦ 11 ⑧ 14
⑨ 9
⑩ 19

42 かさ(たいせき)⑬ dLと mL①

P74・75

1
① 100 ② 200
③ 300 ④ 500
⑤ 800 ⑥ 900
⑦ 1000 ⑧ 1100
⑨ 1200 ⑩ 1500
⑪ 2000 ⑫ 3000

2
① 100
② 400
③ 600
④ 700

3
① 300mL
② 500mL
③ 800mL
④ 900mL

43 かさ(たいせき)⑭ dLと mL②

P76・77

1
① 1 ② 2
③ 3 ④ 4
⑤ 6 ⑥ 7
⑦ 9 ⑧ 10
⑨ 12 ⑩ 18
⑪ 20 ⑫ 25

2
① 1
② 5
③ 8

④ 9

3 ① 4dL
② 7dL
③ 10dL
④ 15dL

44 かさ(たいせき)⑮ Lと dLと mL①
P78・79

1 ① 1100 ② 1200
③ 1500 ④ 1800
⑤ 2100 ⑥ 2200
⑦ 2900 ⑧ 3300
⑨ 3800 ⑩ 4700
⑪ 5400 ⑫ 6500

2 ① 1, 3, 1300
② 1, 7, 1700
③ 2, 4, 2400

3 ① 1400mL
② 1900mL
③ 2500mL
④ 3600mL

45 かさ(たいせき)⑯ Lと dLと mL②
P80・81

1 ① 1, 1
② 1, 2
③ 1, 6
④ 1, 9
⑤ 2, 4
⑥ 2, 8

2 ① 1, 2
② 1, 8
③ 2, 3
④ 3, 4

3 ① 1L4dL
② 1L7dL
③ 2L5dL
④ 3L1dL

46 かさ(たいせき)⑰ まとめ
P82・83

1 ① 10 ② 50
③ 70 ④ 130
⑤ 150 ⑥ 2
⑦ 4 ⑧ 9
⑨ 10 ⑩ 18

2 ① 1, 4 ② 1, 6
③ 2, 2 ④ 3, 5
⑤ 4, 8 ⑥ 12
⑦ 19 ⑧ 25
⑨ 32 ⑩ 48

3 ① 3000 ② 8000
③ 12000 ④ 4
⑤ 7 ⑥ 15

4 ① 400 ② 600
③ 1300 ④ 5
⑤ 8 ⑥ 17

5 ① 1300 ② 1900
③ 2400
④ 1, 2
⑤ 1, 8
⑥ 2, 7

47 三角形と 四角形① 直線 P84・85

1 ①

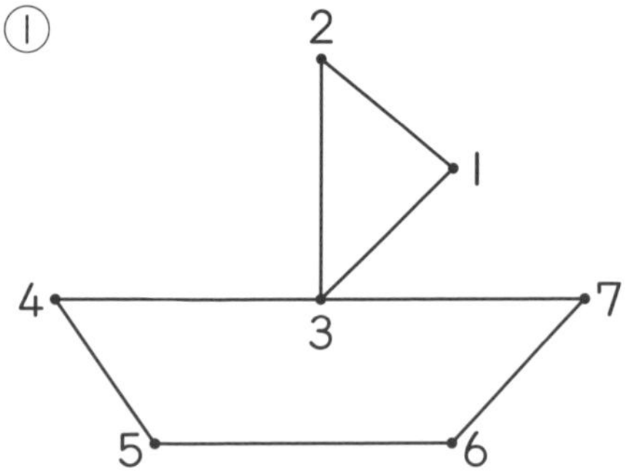

1
2
3
4
5
6
7

②

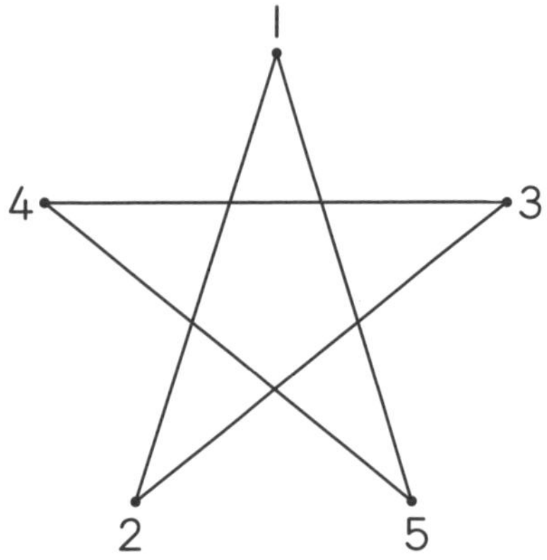

1
2
3
4
5

2

48 三角形と 四角形② 三角形 P86・87

1 ㋐，㋔，㋖，㋘

2 ① 2つ　② 2つ

③ 3つ　④ 4つ

3 6つ

> **ポイント**
> **3** 大・中・小の 3しゅるいの 三角形が あります。大が 1つ，中が 1つ，小が4つで，ぜんぶで 6つです。

49 三角形と 四角形③ 四角形 P88・89

1 ㋑，㋔，㋖，㋙

2 ① 2つ　② 4つ

③ 3つ　④ 3つ

3 8つ

> **ポイント**
> **3** □が 2つ，▭が 2つ，⏢が4つで，ぜんぶで 8つです。

50 三角形と 四角形④ へんと ちょう点 P90・91

1 (上から じゅんに)

ちょう点，へん

2 ① 3

② 3

③ 4

④ 4

3 ①

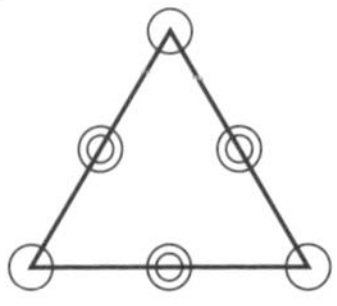

②

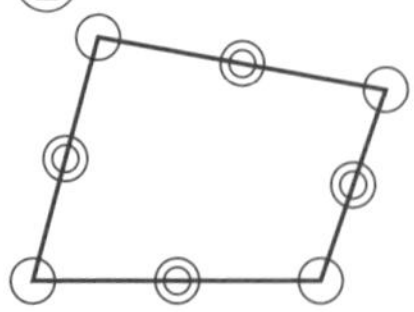

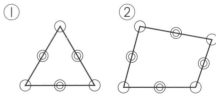

4 ①　②

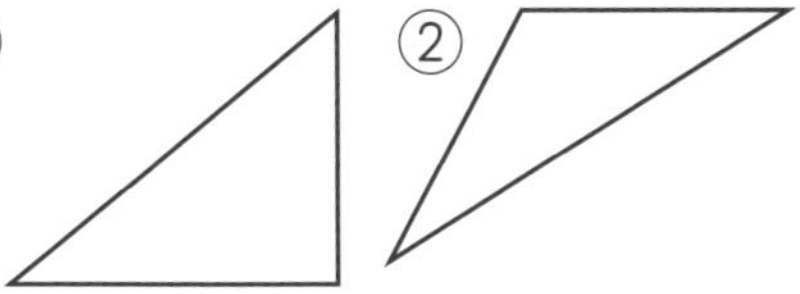

5 ①　②

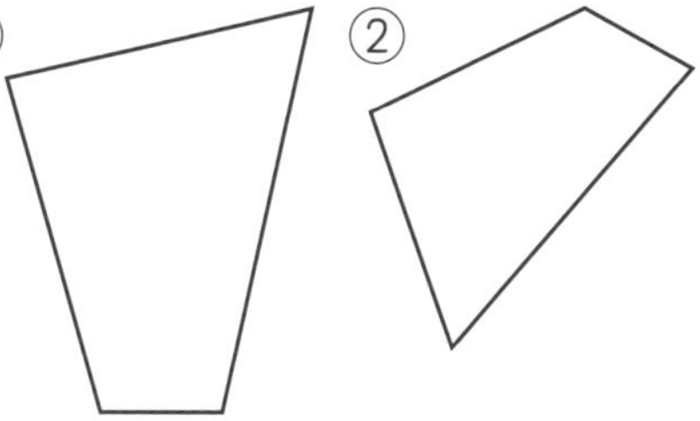

ポイント
三角形の「三」，四角形の「四」が　へんと　ちょう点の　かずを　あらわします。

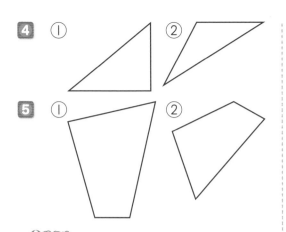

51 三角形と　四角形⑤ 三角形と　四角形を　かく①　P92・93

1 （れい）

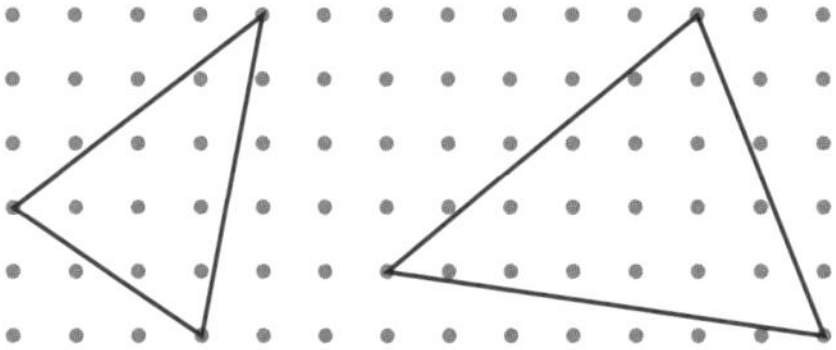

2 （れい）

3 （れい）

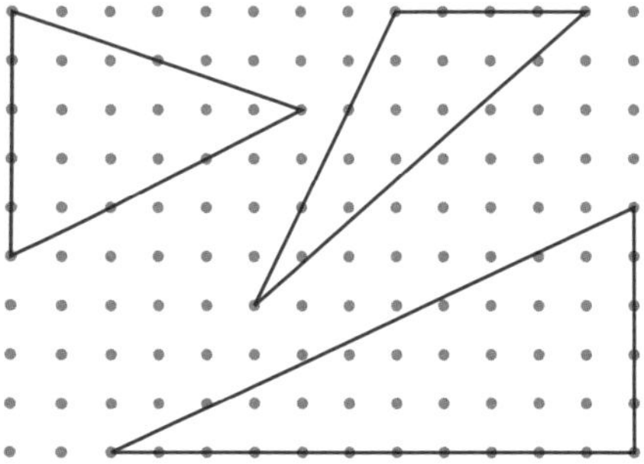

4 （れい）

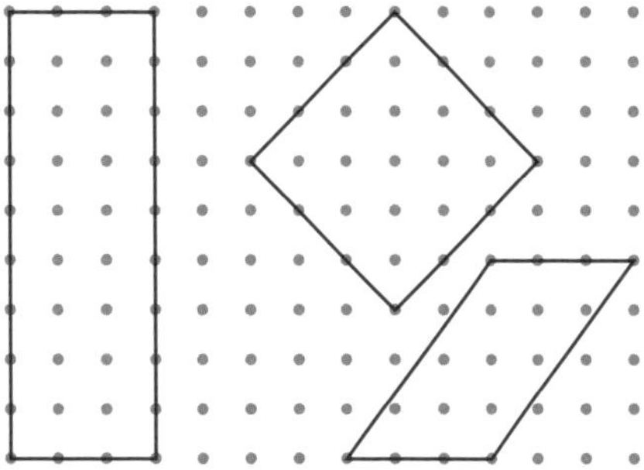

ポイント
1は，３つの　点を，**2**は，４つの　点を　むすんで　かきます。

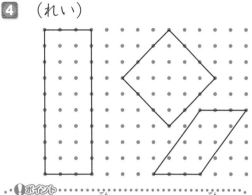

52 三角形と　四角形⑥ 直角　P94・95

1 ㋑

2 ①　㋒　　②　㋖

3 ㋑，㋓，㋗

4 ㋐，㋒，㋔，㋕

ポイント
3　㋖は，へんが　つながって　いないので，三角形では　ありません。
4　㋓と　㋗は，直角の　かどが　ありますが，四角形では　ありません。

53 三角形と　四角形⑦ 長方形　P96・97

1 ①　長方形
②　4
③　へん
④　直角

2 ㋑，㋔，㋗

3 ①　4cm
②　3cm
③　14cm

ポイント
3　③　4cmの　へんと　3cmの　へんが　２つずつ　あります。

54 三角形と　四角形⑧　正方形　P98・99

1 ①　正方形

②　4

③　へん

④　直角

2 ㋐，㋒，㋔，㋗

3 7つ

55 三角形と　四角形⑨　直角三角形　P100・101

1 ①　直角

②　直角

③　直角，2

2 ㋑，㋓，㋕，㋙

3 ①　いえる

②　（れい）

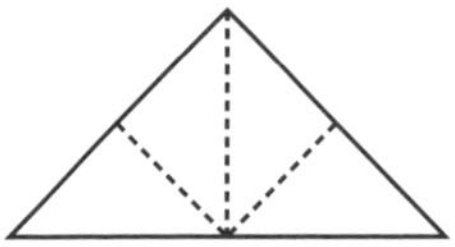

56 三角形と　四角形⑩　三角形と　四角形を　かく②　P102・103

1 （れい）

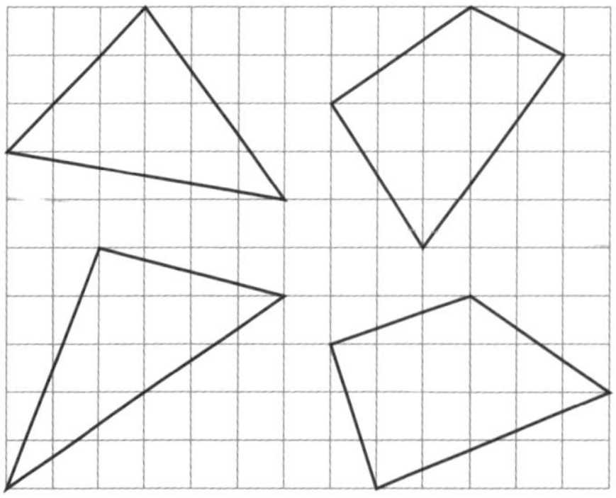

2 （れい）

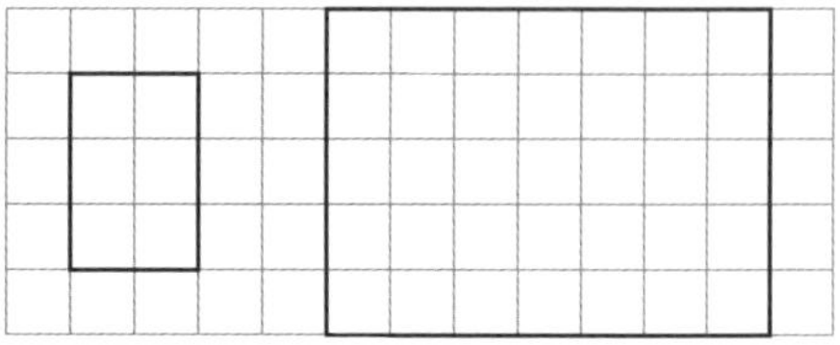

3 （れい）

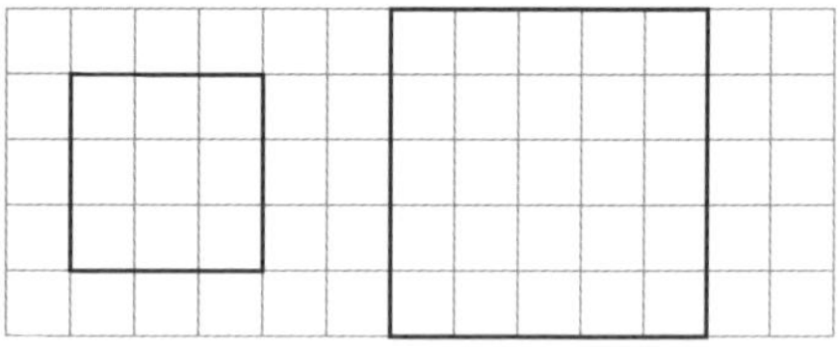

4 （れい）

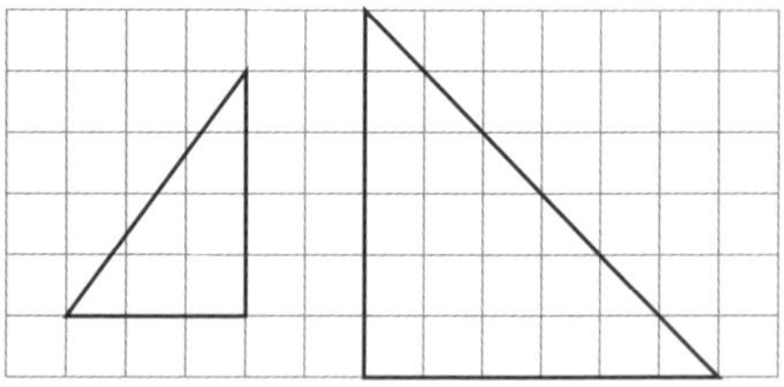

57 三角形と　四角形⑪　三角形と　四角形を　かく③　P104・105

1 （れい）

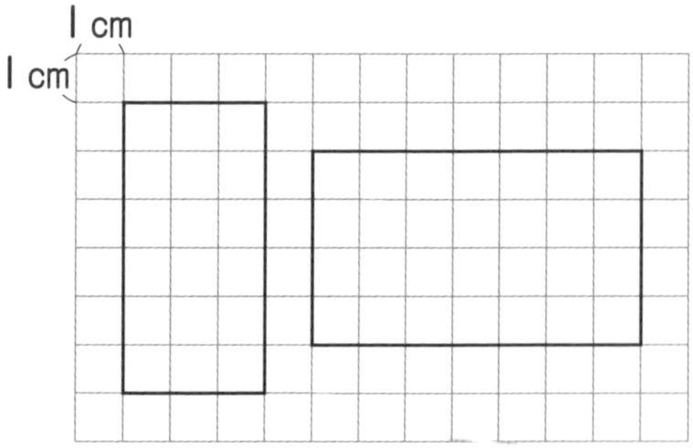

1 cm
1 cm

2 （れい）

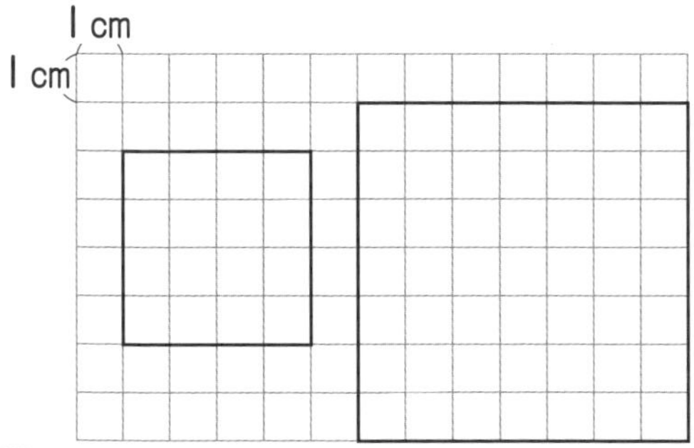
1 cm
1 cm

3 （れい）

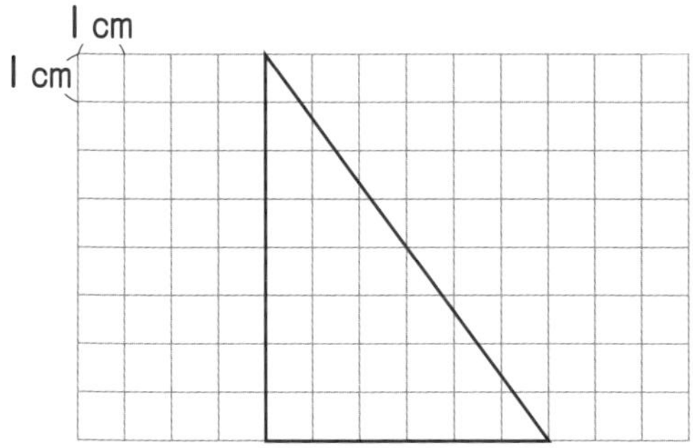
1 cm
1 cm

58 三角形（さんかくけい）と　四角形（しかくけい）⑫ まとめ P106・107

1 ①　三角形（さんかくけい）

②　直角（ちょっかく）

③　4

④　直角（ちょっかく）

⑤　正方形（せいほうけい）

2 ㋐　直角三角形（ちょっかくさんかくけい）

㋑　正方形（せいほうけい）

㋒　長方形（ちょうほうけい）

3 ①　12cm

②　3cm

ポイント
3 ②　まわりの　ながさが　12cmの　正方形（せいほうけい）の　1つの　へんの　ながさは　3cmです。

59 はこの　かたち① 面（めん）の　かたち P108・109

1 長方形（ちょうほうけい）

2 ①　正方形（せいほうけい）

②　正方形（せいほうけい），長方形（ちょうほうけい）

60 はこの　かたち② 面（めん）の　かず P110・111

1 ①　6つ　　②　6つ

2 ①　6

②　6

③　4，2

61 はこの　かたち③ へんの　かず・ちょう点（てん）の　かず P112・113

1 ①　12，8

②　12，8

2 ①　12，8

②　4，4，4，8

③　8，4，8

62 はこの　かたち④ ひらいた　ず① P114・115

1 ①　㋐に　○

②　㋑に　○

2 ①　㋑に　○

②　㋐に　○

③　㋑に　○

63 はこの　かたち⑤ ひらいた　ず② P116・117

1 ㋑

2 ㋐―㋔，㋑―㋓，㋒―㋕

64 はこの　かたち⑥ ひらいた　ず③
P118・119

1
① ㋔
② ㋓
③ ㋕

2
① (1) ㋕
(2) ㋒
(3) ㋑
② (1) ㋑
(2) ㋐

65 はこの　かたち⑦ ひらいた　ず④
P120・121

1
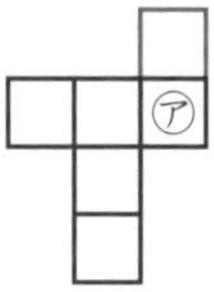

㋐

2
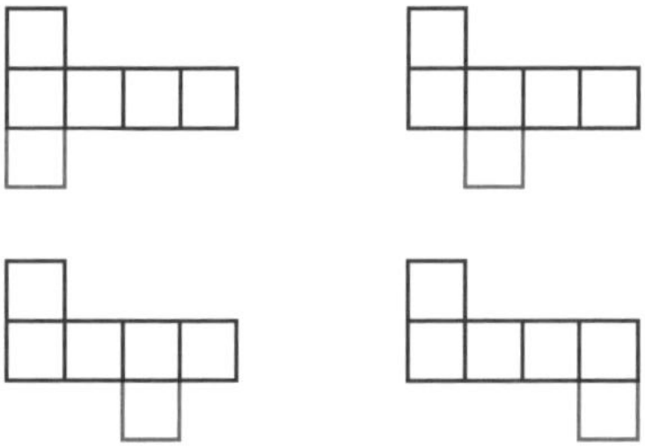

66 はこの　かたち⑧ まとめ
P122・123

1
① 面(めん)
② へん，ちょう点(てん)
③ 正方形(せいほうけい)，6
④ 12
⑤ 8

2
① 4つ
② 2つ
③ 8つ
④ 4つ
⑤ 8つ

3 ㋒

67 2年の　まとめ①
P124・125

1
① 1，1，12，24
② 直線(ちょくせん)
③ 直角(ちょっかく)，へん
④ 6，12，8，長方形(ちょうほうけい)

2
① 午前(ごぜん)7時(じ)45分(ふん)
② 午前(ごぜん)8時(じ)45分(ふん)

3
① ㋖
② ㋑
③ ㋓

4 12，8

68 2年の　まとめ②
P126・127

1
① 60　② 90
③ 1，10　④ 1，40

2
① 10　② 19
③ 3　④ 4，5
⑤ 200　⑥ 305
⑦ 1，65

3
① 10　② 16
③ 1，4　④ 3
⑤ 3000　⑥ 8000
⑦ 4　⑧ 5
⑨ 700　⑩ 11
⑪ 1400　⑫ 3600
⑬ 1，3　⑭ 18

2407R11

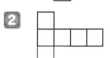